多肉控！
不藏私的多肉组盆技巧

［台］Ron ［台］小宇 著

北方文艺出版社

U0364029

图书在版编目（CIP）数据

多肉控：不藏私的多肉组盆技巧 / Ron, 小宇
著 . –– 哈尔滨：北方文艺出版社，2019.3
　ISBN 978-7-5317-4095-7

　Ⅰ . ①多… Ⅱ . ① R… ②小… Ⅲ . ①多浆植物 – 盆栽
– 观赏园艺 Ⅳ . ① S682.33

中国版本图书馆 CIP 数据核字（2018）第 105277 号

多 肉 控：不 藏 私 的 多 肉 组 盆 技 巧
Duoroukong Bucangsi de Duorou Zupen Jiqiao

作　者 / Ron　小　宇

责任编辑 / 路　嵩　富翔强　　　　　　　　封面设计 / 琥珀视觉

出版发行 / 北方文艺出版社　　　　　　　　邮　编 / 150080

发行电话 / （0451）85951921 85951915　　经　销 / 新华书店

地　址 / 哈尔滨市南岗区林兴街 3 号　　　　网　址 / www.bfwy.com

印　刷 / 捷鹰印刷（天津）有限公司　　　　开　本 / 710mm×1000mm　1 / 16

字　数 / 200 千　　　　　　　　　　　　　印　张 / 17.5

版　次 / 2019 年 3 月第 1 版　　　　　　　印　次 / 2019 年 3 月第 1 次印刷

书　号 / ISBN 978-7-5317-4095-7　　　　　定　价 / 58.00 元

作者序

感谢朋友们对上一本著作《疯多肉！跟着多肉玩家学组盆》的喜爱与支持，让我很荣幸并有机会能再次为你们展示更多的组合作品。同样的，本书作品的部分由我为大家做示范，图鉴部分，由小宇为大家做整理及介绍。

继《疯多肉！跟着多肉玩家学组盆》后，想必大家对多肉的形态、种植方式，以及管理照顾都有初步的了解，也学会了不少的组合方式。经常会有朋友问到，这样的组合方式，作品能维持多久？其实，作品能维持多长时间，取决于您对多肉的认识、了解有多少，基本的种植功力越扎实，相对的作品维持时间也就越长；或者，就是把多肉作品当作鲜花，要的是欣赏那当下的美丽，但喜欢园艺的人，都比喜欢花艺的人来的贪心，要的不只是当下的美丽，最好这美丽能持续或永远不变的长长久久，但请别忘了，植物是活的，会依四季更迭，而有着不同的样貌，在对的时间，做对的事，适地适种，那这份美丽就会伴随您很长一段时间。

这次为大家示范的，是传授如何把多肉植物种植在木质盆器上，运用一些技巧手法，把多肉的美展现得淋漓尽致。木材在我们生活中运用广泛，举凡一段修剪下来的树枝、漂流木，淘汰的砧板、椅子、桌子等，林林总总不胜枚举，都可用来作为多肉组盆的盆器。接下来，就让我们运用简单的手法，赋予这些即将汰换的木头材质器具另一个生命，装点居家的阳台或花园。

当初会有挂式的想法，是因为考量到都市环境中，多数人没能有个小花园，能种植植物的空间也只有阳台而已，而如何有效利用阳台，就是门很大的学问。而多肉植物的品系又多，喜欢多肉的朋友，想必都会有着相同的毛病，那就是不知不觉间多肉植物的盆数变多了，阳台的空间变小了，总觉得阳台不够用，因此开始想要运用组盆手法，将种类繁多的多肉植物合植成组合盆栽，一来美观，二来节省空间。其实自然界中，大自然就是个最好的组合盆栽老师，在原生环境中，数种多肉植物生长在同一个区块中，实属常见，我们只是取自然界的一个小景，装在盆子中罢了。

回归原题，墙面以及悬挂的空间都是我们可以有效利用的。初次见到日本花友介绍利用龟甲网包覆介质，再以扦插方式将多肉植物种植在木板上的方法，最后呈现出的作品令人惊喜，但对处于一个商业空间的我来说，这种方式工法较多，对我而言有些许麻烦，且作品无法马上成为一个商品，因为还要等多肉植物发根，于是便想着有没有更简单、方便又快速的方式，作品完成后便能成为一件商品的方法。当时脑海中闪过一个画面，那就是夜市的"弹珠台"，一排排钉子卡住弹珠的模样。于是，我便试着用钉子来卡住多肉，第一次尝试，足足花了一天去成就一个作品，后来一路修修改改，才有了现在的方式，也达到了我要的"简单、方便、快速、美观"，且在家中就能用简单的工具操作。

有兴趣的朋友们，不妨运用家里淘汰的木头材质器具，跟着示范的详细解说步骤，成就一份属于您居家多肉植物的创意组合作品，成就一份属于自己的感动，装点一个属于自己的多肉世界。

作者序

一年多前出版《疯多肉！跟着多肉玩家学组盆》时，台湾栽培多肉植物正掀起热潮，在那之后，多肉风潮更为火热。多肉植物的魅力之迷人，真的就如同中毒般迅速地感染了园艺爱好人士，甚至让从未接触园艺的人也因多肉植物而踏进植物、园艺这个圈子，也因为这股风潮，而让《疯多肉！跟着多肉玩家学组盆》这本书有更多机会可以接触到读者，也给了我们更多能量创作新著作。

　　这股热潮不仅推动更多业者与多肉植物爱好者，用不同的渠道从国外引进更多植物品种，不纯粹是从国外进口的多肉，台湾本地的生产农场也投入更多资源，繁殖价格合理又兼顾质量的多肉，当然这一切都是因应广大多肉迷的需求。由于多肉的普及让收集品种变得容易，即使是新手也能在短时间种植到非常多种类的多肉，因此除了基本盘，大家对于新品种与组合盆栽技巧这方面的需求大为增加。

　　这次的书籍内容，Ron 老师将公开与前本书不同的组盆祕籍，用其他技巧教大家创作出更迷人的组合作品，而小宇这次同样是负责撰写多肉图鉴的部分。因为这段期间内新引进的品种数量可用爆炸来形容，所以小宇尽量挑选市面上能见度高一些的品种来介绍，至于遗漏没撰写到的品种也请各位肉友海涵。

　　另外，品种介绍部分这次将舍弃学名的编辑，品种名称都使用中文来介绍，虽然音译或翻译的中文名称上会有选字的差异，然而通过图鉴照片的对比，相信还是能够帮助肉友们认识更多种类的多肉。这次的图鉴也增加了部分锦斑与缀化品种，虽然锦斑与缀化品种非市场常见的贩售品种，但小宇依旧撰写进图鉴中，是希望与肉友们分享在正常型态外，多肉不同特色与性状所表现出的样貌。

　　在这次撰写图鉴期间，特别感谢好友青心园艺与潘多拉多肉花园 RURU 的支持，不但提供植株拍摄，同时还交流了栽培上的心得。另外也在此感谢蓝山园艺长期以来对小宇的栽培与支持。有了这些帮助，才能让小宇顺利完成这次出版任务。当然也要谢谢晨星出版社的许裕苗小姐与我敬爱的 Ron 老师，继续给小宇参与这次出版的机会。最后，谢谢这一路上支持鼓励小宇的朋友们，不论是老朋友还是新朋友，让我们继续用这本书开心地玩肉吧！

推荐序一

萝乐大王，本名霍晶，原新东方名师，中国多肉"首富"，金不换多肉花坊创始人，著名田园咖啡天使投资人，精英英语学校校长，地球村进口糖果CEO，著有多本畅销书，现为多肉民宿科技有限公司创始人，致力于让一部分抑郁病患者通过多肉康复起来。寒地黑土多肉养殖带头人，东北、台北多肉民宿推动者之一。

我坦白，以上简介是小编给我强加的，其实我就是一个简单、爱折腾的中年人，就像索罗斯非常喜欢别人称呼他哲学家一样，我喜欢大家叫我"大王"，跟着我这个"萝乐大王"上多肉山头，用辛勤和汗水收获美肉无数，治愈心灵，以肉化情，用多肉来消融、平复情绪，从而达到王阳明那种"内圣外王"的状态。希望大家能同我一样，在种植多肉的时候从"看肉是肉"再到"看肉不是肉"，最后达到"看肉还是肉"的状态，从养植多肉进化为：用多肉浸染我们自己的内心，从而让自己的内心愈来愈通透，愈来愈强大。

这种状态的进化过程是这样的，一开始我们见到一株萌萌的、要"挠你挠你挠你"的熊童子肯定是要"食指大动"的，要么搬走，要么在别处淘一株养在自己的"深闺"中，肆意把玩；所谓"看肉是肉"。

接下来，我们养过很多肉肉了，看到熊童子，我们就会考虑她的"爪子"的形状是不是很蠢萌——best-of-the-best（蠢萌中的蠢萌），光照是否充裕？并且非常想扒开土看看根系的情况，作为是否扦插的根据；哪种缓释肥能最大限度地激发株体本身的活力，让小爪释放出 highlighter（高光）；更有甚者可能会捻起一撮土壤，轻搓、慢抹，在鼻息下静待数秒，在舌尖徜徉半刻，感受土质的疏密度、干湿度、肥力是否达到中庸所讲的极度的适合；甚至会想，这么聪慧可人的小熊是出自一个青葱可人的女孩儿之手还是一位大叔的呕心沥血之作，他们的生命是否曾经因为这株小熊而被点亮？所谓"看肉不是肉"。

最后，我们看到一株熊童子，静静地、呆萌地盘踞在我们的面前，我们只会欣赏她和我们共度那一刻的美好。为什么不考虑其他了呢？因为我们已经不需要用任何方式来证明，我们懂她，爱她，因为那样会耽搁我们欣赏熊熊的心情；其二是我们阅肉无数，我们不会太关注熊熊的诸多不如意之处，因为我们深知一切都是最好的安排，我们需要做的就是把握此刻的美好，与熊熊最美的那个部分融为一体，其他的，关本大王毛线？最重要的是，我们看熊童子还是熊童子，一是因为放弃了对比和参照，只品茗当下的美好，二是放弃了自己和他人的比较和追逐，我就是我，是颜色不一样的烟火。当然我们是真的懂多肉了，并且知道自己懂了。这就是"看肉还是肉"的大成。

好吧，更多的执念和顿悟会在我的书中体现，我的任务是来推销这本书的——多肉被称作"治愈系"植物，越来越受到大众的喜爱，由于其萌萌的造型及鲜艳的颜色，养殖多肉的人也越来越多，但由于对组盆、组盆技巧及工具等的细节不了解，不得其组盆的佳法，《多肉控 不藏私的多肉组盆技巧》从这个角度出发，由台湾的多肉同人为读者分享多肉组盆的秘籍。书中有千余幅多肉组盆的细节步骤图片，不但为小白提供了翔实的步骤指导，还为多肉控提供了大量的多肉图鉴，为广大 fanbase（肉肉粉丝团）提供了极大的便利。

21 世纪是移动互联网的时代、区块链的时代，在这样的背景下，《多肉控 不藏私的多肉组盆技巧》就显得弥足珍贵，首先这本书基于一个场景——多肉社群——多肉的内容、多肉的出版、多肉社交、购买多肉等，本书的编辑创造性地将传统出版置于科技资源与移动互联之中；其次这本书针对的是一个蓝海市场，从窄众用户到大众用户，从出版社的内容服务向着创新发展的平台型部门转化，不但要出版还要给读者服务，不但要服务还要提供服务平台，让用户和用户社交，在此基础上形成平台自洽，然后从平台中获取资源、内容、数据、反向用户。最后，对于出版未来的盈利模式的探索，窄众是大众的，未来的窄众就是大众，对于内容服务的模式是否是出版的必然趋势？出版、教育、传播如何三位一体，这本书的编辑提出了一个漂亮的问题，至于答案需要更多部门、更多资源的供给，才能实现，现阶段出版生存的重担还得传统出版人扛在肩上。新一代出版人加油！

ok，任务完成接下来隆重推出我的书——《肉惑天下》——大概可能今年会出版——多肉大王萝乐，直播平台百万粉的无冕之王，彩铅多肉女王丁佳佳、新浪微博超人气插画师羊蔫、纽约设计师 Aaron Apsley 多肉绘强势加盟，用海量照片、水粉、彩铅记录下了与多肉有关的点点滴滴，精挑细选放在书中，并会将本大王多年来的多肉养护心得、多肉寄植作品、众包多肉心情故事、多肉花房炼成记、轻奢治愈系的多肉减压内容、众筹多肉梦幻城堡的建造汇总成书，而且还有常见及稀有多肉品种按照科属进行分类的实用图鉴，非常值得期待，最重要的是，全书贯穿了大王的价值观和方法论，以及多肉遁去的一的哲学体系，想被洗脑的小伙伴不要错过。完事儿，退朝。

推荐序二

大家好，我是"多肉植物百科"的百科君，有幸能被邀请为本书写一篇书序。

很高兴能够看到越来越多的人喜欢上萌萌的多肉植物，也很欣慰看到越来越多的多肉植物大咖及爱好者通过图书来普及多肉相关知识。本书作者 Ron 老师以及小宇老师都是活跃在宝岛台湾的多肉大咖，我有幸第一时间拜读了本书的内容，书中介绍了多种多肉组合盆栽的技巧，从设计理念到示范步骤，再到后期的养护，可操作性强，让人读完就跃跃欲试。多肉让枯木逢春，枯木又增加了多肉的意境，书中很多技巧不仅让人眼前一亮，还给我们带来了不一样的种植乐趣与体验，是一本值得大家学习多肉组盆的优秀读物。

两年多之前，"多肉植物百科"微信公众号创建并坚持每日更新，半年后粉丝就已突破 10 万，并且快速地增长，两年多的时间，"多肉植物百科"公众号超越国内其他多肉公众号，成为中国每日阅读量最大，最受肉友欢迎的多肉类微信公众号之一，同时也入驻了今日头条、腾讯新闻、天天快报、百度百家、大鱼号、网易新闻、搜狐新闻、一点资讯、新浪微博、淘宝头条等各大主流自媒体平台，全平台每月阅读量近千万。我们见证了国内多肉行业的兴起，感受着大家对多肉植物与日俱增的喜爱！

随着国内多肉品种的爆炸式增长，以及价格的平民化，多肉植物巨大的市场潜力将逐步显现，从早期的盆栽观赏逐渐深入人心。我们近期也出版了一本名为《多肉温暖我的心》的 2018 人气多肉手绘手账，从预售的热度就可以感受到大家对多肉植物的喜爱，已经从园艺领域延伸到周边文化产业。未来，多肉植物百科也将继续与国内外同行一起致力于多肉植物科普知识的推广，助力多肉植物产业朝着更好的方向发展。

目录 Contents

Chapter 1 基本篇 1

Chapter 2 运用篇 72

Chapter 3 生活应用篇 138

Chapter 4 多肉植物图鉴 250

Chapter *1*

基 本 篇

　　木材在我们日常生活中的应用相当广泛，几乎与生活息息相关，举凡餐具、家具，亦或装饰、摆件，简单的如一块砧板，复杂如椅子，当这些老旧的木质用具需要汰换时，何不将其再次利用，让它们成为居家阳台、花园独树一格的布置装饰亮点，亦或是成为馈赠亲友的独特创意盆栽，赋予它们新的生命，达到资源再次利用，为环保尽一份力。

一、选材

在基本篇里，介绍的是利用形式简单的一块木头或一片木板来创作。在木头挑选上以实木为优先考量，毕竟多肉植物虽耐旱，但还是要给水，由于木头会吸水，久而久之易产生腐化现象，因此实木会较为耐用，且可重复使用；胶合板大多数是以胶黏剂加上高压方式制造出来，因为含有胶的成分，遇水后久而久之，黏着的部分会因为胶的分解而崩坏，影响作品的美观与观赏期；若要采用胶合板，建议可先上一层防水漆，隔绝水分侵入。

不同的实木

胶合板

在技巧手法部分，一开始的试验阶段，想到的方式是夜市的弹珠台，所以采用的工具是以铁钉加铁锤。后来觉得铁钉和铁锤太过麻烦，于是改用螺丝和十字起子（梅花螺丝刀），一来方便操作，二来不需太多工具。

固定的原理是利用螺丝跟木板的连接来固定多肉植物，由一根螺丝的点，到两根螺丝两点间的线，而至三根螺丝三点间的面，牢牢地将多肉植物与木头间做结合，而后再加第四根螺丝时，又会增加另一个面，以此类推，便能做出我们所要的更大的多肉植物主体，加上基本的 U 形钉运用，长短不一的 U 形钉，在固定水苔时交汇纵横形成的网状体系，牢牢地将介质固定，如此一来，成就一件作品便不是困难的事了。

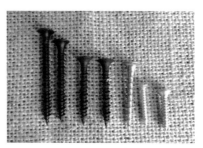

不同长度的螺丝

不同长度的 U 形钉

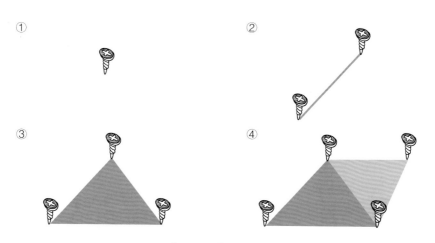

螺丝的点线面示意图

三、植物挑选

植物的挑选部分，颜色、形态、种植难易度都是我们考虑的因素，若以价格来说，单价越便宜的，意味着是入门的品系，因为好种植，繁殖又快，造就了量产的速度快，所以单价就相对便宜许多。当然，单价高的植物，也能运用在组合里，只是因为价格高的品系，相对的也说明了种植上有着一定程度的挑战性，不外乎生长、繁殖速度慢，对环境的要求高，若运用在组合盆栽里，最先发生问题的一定是这类品系。

但是，这并非绝对，还牵涉到环境与管理方式，所以易种植、繁殖快、颜色形态优美，就成了挑选植物的主要考虑条件，如姬胧月、秋丽、铭月、黄丽、加州夕阳、老乐等，都是市面上常见的景天科植物，也就是我们常说的"市场肉"，意指为市面上常见的多肉植物。

四、介质

介质部分，常用的是"智利水苔"。因为智利水苔是采用天然的水苔经过干燥后再压缩而成，完整性较佳，质量也比较好；当然，还有价格较低廉的大陆水苔，然而质量就没有智利水苔来得好。

至于驯鹿水苔，就笔者所知，也是水苔的一种，其生长在较寒冷区域，驯鹿以此为食，所以有"驯鹿水苔"之称，也有一说是其形态像驯鹿的角而得此名。一般会作为装饰用，因为经过加工处理，染成好几种颜色，所以会用来作为跳色的角色居多。

绿色水苔，也是经过染色的水苔，种植效果没有智利水苔来得好，所以也是用来装饰的成分居多。

智利水苔

驯鹿水苔

绿色水苔

五、工具

　　家中的工具箱里，一定少不了螺丝、螺丝刀、老虎钳、铁丝、铅线、尖嘴钳，使用家里简单的工具，就能事半功倍地轻易玩创意组合了。

破坏剪　　剪定铗　　十字刀　　　小铁锤　　剪刀　　　刷子

老虎钳　　　　　尖嘴钳

01 逢春

枯木逢春，诉说着自然的奥妙。
运用自然的枯与荣，展现多肉植物坚韧的生命力。

设计理念

利用魔海直立性的外形特征与新玉缀下垂性的形态来设计。
魔海的线条能将主体的视线往上抬升，而新玉缀的垂坠
性可让视线往下无限延伸，使主体整体视觉上更显丰盛
活泼。

盆器	多肉植物	工具
大块的原木切片	魔海、波尼亚、红旭鹤、黄金万年草、七福神、乙女心、虹之玉、银红莲、姬胧月、新玉缀、姬秋丽	剪刀、破坏剪、十字刀、铁丝 #18、#20、螺丝、水苔

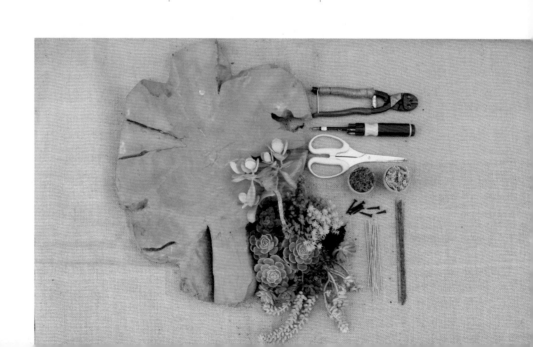

1. 取两根螺丝锁在主体所要置放的位置，中间需留空隙，锁至螺丝牢固为止，制作出与木板间的连接点。

2. 取主体七福神，将茎部卡进两根螺丝间的空隙中，周围加些水苔压实，再以 U 形钉固定至主体不会晃动。

3. 将七福神的外形调整好后，右侧加进红旭鹤，以 U 形钉固定好再加水苔压实，辅以 U 形钉固定。

4. 取一小束波尼亚，以 U 形钉先行固定，再塞入少许水苔压实，接着以 U 形钉固定。

5. 下方银红莲先用 U 形钉固定，再塞入水苔，接着在银红莲下方靠近茎部锁上第二根螺丝。

6. 取较大的魔海，将茎部藏进有介质的地方，再以 U 形钉固定后加水苔压实。

7. 再取较小的魔海同样固定后，加上波尼亚盖住其茎部。

POINT

铁丝的粗细以植物大小为基准，越大的植物，固定的铁丝就需越粗。

8. 取一束黄金万年草以 U 形钉固定在波尼亚下方做跳色。接着在银红莲下方留些空隙，并锁上第三根螺丝。

9. 取第二棵七福神将茎部置入留下的空隙中，调整好朝向后取 U 形钉扣住与螺丝成一直线的七福神茎部。

POINT

记住 U 形钉要跟介质有所连接，尽量别把铁丝直的地方弄弯，因为过短或折弯，固定会不结实。

10

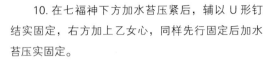

10. 在七福神下方加水苔压紧后，辅以 U 形钉结实固定，右方加上乙女心，同样先行固定后加水苔压实固定。

11. 剥除虹之玉下叶，取需要的高度，然后置入七福神与乙女心间的空隙，再以 U 形钉固定，接着加少许水苔结实固定。

12. 再取一棵比虹之玉小一些的姬胧月做收边，此时就很容易看出形态小的虹之玉会衬托出主体七福神的大气。

13. 把具线条感的姬秋丽，将其茎部靠在介质上以 U 形钉固定，再加些水苔压实。

11

12

13

14. 在靠近主体的地方补上两朵形态较完整的姬秋丽，结实固定后再以波尼亚将底部盖住，加上水苔后结实固定。

15. 取红色系的姬胧月作为跳色，固定在姬秋丽下方以 U 形钉固定，加水苔结实固定。

16. 此时作品主体部分，从右上方延伸至右下方，在下方以新玉缀做垂坠，让视线跟着新玉缀往下延伸。

17. 以 U 形钉将新玉缀的茎部固定在上方介质上。

18. 单一植株会显得分量不足，所以加进不同长度的新玉缀展现不同层次的垂坠感。以 U 形钉固定后，因植物重量关系部分介质会未与木板连成一体而产生松动，此时再加根螺丝固定。

19. 取比主体七福神矮的虹之玉剥除下叶后，以 U 形钉固定在两朵七福神中间，加水苔固定。

20. 取少量波尼亚将茎抓成一小束后用 U 形钉固定，盖住新玉缀茎部，加水苔压实再以 U 形钉固定。

21. 加一小束黄金万年草做跳色，以 U 形钉固定茎部再加水苔压实固定。

22. 取第三棵主体七福神调整好朝向后，以 U 形钉先行固定，下方再塞少许水苔压实固定。

23. 再取一根 U 形钉，长度约第三主体中心到第二主体中心。

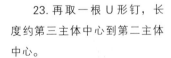

24. 轻轻扶住上方的主体，然后由第三主体往第二主体方向固定。可用尖嘴钳夹住 U 形部位较好施力，若 U 形钉遇到阻力推不进去时，先拔出来再换个方向推。

25. 下方以波尼亚收尾，侧着将抓成小束的波尼亚茎部以 U 形钉固定，因收尾的缝隙较小，此时加水苔固定的量就要少一点。

26. 加些黄金万年草做跳色，再植入波尼亚，由下往上做收尾。

27. 转到左上方，红旭鹤上方置入一朵形态较小的银红莲。把下叶剥除后将茎固定在介质上，使银红莲的莲座部分突显在红旭鹤上方。接着取黄金万年草做收边，再辅以一朵较小的银红莲，以 U 形钉固定，加些许水苔压实。

29

30

28. 再转到下方，取较短的新玉缀以 U 形钉结实固定，让左方较为平整的莲座呈现出律动感，且与右方下坠的新玉缀呼应。

29. 接着将乙女心由中间往外固定，先在两朵七福神间固定较大朵的乙女心，再取较小的乙女心固定在新玉缀上方做收边。

30. 左方先固定些许黄金万年草，再以一朵较小的红旭鹤做收边。此时这两朵红旭鹤的红因周遭的白而变得显眼。

31

31. 以姬秋丽及少许波尼亚做收边。先固定上方的姬秋丽，再辅以少许波尼亚，最后从姬秋丽侧边固定住茎部，将茎部藏在乙女心的叶片下方。

FINISH

一个可以悬挂墙面
的壁挂作品完成了。

TIPS

照顾方式

　　置于南面日照充足处。浇水方式：若要让介质水苔吸饱水，可采
用浸泡方式，一星期泡一次水，一次五至十分钟；若采取喷洒方式，
因干水苔吸水速度较慢，假使只喷表面让植物湿润则可天天喷洒，但
还是要注意介质状况，别让介质一直处于潮湿状态，易导致烂根。

02 展现

在人生舞台上，每个人凭借着自身的努力与特色，
释放着自身的独特魅力。
就如同这台上的多肉，
凭借自身的形态与特色，在台上展现着各自特有的光环。

设计理念

黑王子的黑加上树冰的白，形成强烈对比，
也将彼此衬托得更加显眼。
平植于平面木板上，上演的是一出争夺一席之地的戏码。

盆器	多肉植物	工具
	黑王子、树冰、花叶圆贝草、秋丽、姬秋丽、绿焰、花簪、蔓莲、毛海星	剪刀、尖嘴钳、破坏剪、十字刀、铁丝#18、#20、螺丝、水苔

1. 取两根螺丝，在木板的上 1 / 3 处锁下第一根螺丝，锁至螺丝牢固即可。

2. 再锁下第二根螺丝，两根螺丝间留些许空隙。

3. 花叶圆贝草脱盆去土，取需要的植株高度，将茎卡进两根螺丝的预留空隙中，再以细铁丝将植物与螺丝牢牢绑紧。

4. 取少许水苔包覆茎部，再辅以 U 形钉将螺丝与植物串成一线，左右各固定一根 U 形钉，往中间牢牢压紧固定。

18

5. 取中段高度的树冰，先以 U 形钉固定，再加少许水苔压实，接着以 U 形钉固定。

6. 由于树冰是双头，重量较重，若 U 形钉无法固定，可在前方加上一根螺丝，将树冰卡在第一个螺丝点跟第二个螺丝点中间。

7. 再将螺丝置于较粗的 #18 号铁丝 U 形钉中间，往第一个螺丝点方向固定。

8. 将秋丽置于树冰后方，取比树冰略矮的高度做出层次感。

POINT

压紧水苔的用意是，当水苔干燥时水苔会收缩，若不压紧实再固定，很容易呈松散状而固定不结实。当作品直立时，会导致植物脱落。

9. 以 U 形钉固定后加水苔压实，再以 U 形钉结实固定。

10. 树冰与秋丽间再植入另一朵秋丽，以加重粉白色系。

11. U 形钉的固定原理是将植物茎部置于 U 形里，再将 U 形钉推到底，使 U 形钉的底部扣住植物茎部，而上方的尖部则与水苔连接固定。

12. 加上水苔压实后以用 U 形钉固定。

13. 再锁上一根螺丝，将压实的水苔利用两根螺丝间的空隙，紧紧卡住且与木板连接在一起。

14. 取 U 形钉由锁好的第三根螺丝往第一根螺丝方向固定，再取一支由第三根螺丝往第二根

13

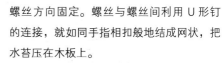

螺丝方向固定。螺丝与螺丝间利用 U 形钉的连接，就如同手指相扣般地结成网状，把水苔压在木板上。

15.取花簪开花的枝条卡进秋丽间空隙，让花簪从缝隙间跳出，如此能表现出不同植物间彼此竞争生存空间的生命力。

16.取较细的铁丝折成 U 形固定花簪茎部，因花簪茎部较细，固定时卡住即可，以免太用力而把茎部压断。

17.补上花簪及秋丽，以加重色块的颜色。

14

15

16

17

18. 加水苔压实，以 U 形钉固定，若此时缝隙小或水苔太过扎实不好出力，可用尖嘴钳夹住底部会较好出力，但要注意力道以免压断茎部。

19. 取毛海星脱盆留少许土壤，以呈现 45 度角方式植于秋丽下方做收边，再以 U 形钉固定。

20. 将毛海星由前方往后做收边，再取较高的树冰种植于花叶圆贝草后方，先以 U 形钉固定后再加水苔压实固定。

21. 在毛海星旁加入较小朵的秋丽，使颜色有延伸效果，再辅以少量花簪结实固定。

22. 转至正面，树冰前方取毛海星由侧边延伸至前方做收边，再辅以少量水苔压实。从毛海星侧边固定茎部，再用莲座部分盖住，以此类推依序往正面固定。

23. 再取一株较矮的花叶圆贝草固定在正面的树冰后方，以加重花叶圆贝草分量，展现出层次感。

24. 黑王子以一较长的 U 形钉先行固定，U 形钉长度以不突出植物主体为原则，越长固定力越好。

25. 下方再以水苔压实，此时会因大朵黑王子的重量而有晃动现象，可在靠近茎部加根螺丝。

22

23

24

25

26

26. 再以较粗、长的 U 形钉扣住螺丝，往第一根及第二根螺丝的方向结实固定。

27. 加水苔结实压紧，再以 U 形钉固定。

28. 前方黑王子与木板间的空隙利用毛海星做收边，把缝隙补满。

27

28

29

29. 黑王子后方接近正中心，调整好绿焰的朝向，再以 U 形钉固定。

30. 后方空隙处以秋丽填补绿焰与树冰间的空隙，再以 U 形钉固定。

31. 取水苔将绿焰周边及黑王子下方的空隙填满，结实压实后以 U 形钉固定。

32. 再取另一棵黑王子，调整好朝向后用一支较长的 U 形钉固定。

33. 下方以水苔补足空隙，压实后以 U 形钉固定，靠近茎部再锁上一根螺丝。

34. 同样取较长的 U 形钉扣住螺丝，一支往之前的黑王子螺丝方向固定，另一支往第一个螺丝点方向固定。

35

35. 再取一株较矮的花叶圆贝草固定在黑王子与绿焰间，用 U 形钉固定后加水苔压实。

36. 前方取一株叶较繁盛的姬秋丽，轻轻地将黑王子的下叶往上拨，然后将姬秋丽的茎部卡入缝隙中。

37. 再以 U 形钉固定，接着补些水苔，压实再固定。

38. 后方的空隙以蔓莲做收边，以 U 形钉固定好且把空隙填满。

36

38

37

FINISH

　　主角黑王子的黑对映着树冰的白，花叶圆贝草展现出层次感，而细碎的小莲座衬托出大莲座的大气优雅，在这生命的舞台上展现出无比生命力。

TIPS

照顾方式

　　置于南面阳光充足处，充足的日照会让形态及颜色更加美丽，浇水方式宜少量多次，或一次给足水分等介质干了再浇。

03 自喜

为心念的人料理多肉，是件甜蜜的事。
砧板上丰富的多肉，想必设计作品时，
一股幸福快乐的喜悦也从心中油然升起。

设计理念

以同色系的丽娜莲、粉红佳人为主体，
姬胧月的红与白闪冠的绿，
衬托出主体的白中带粉。

盆器

老旧的实木砧板

多肉植物

丽娜莲、粉红佳人、
白闪冠、姬胧月、蔓
莲、小圆刀、波尼亚、
琴爪菊

工具

剪刀、尖嘴钳、破坏
剪、十字刀、螺丝、
铁丝#20、#18、水
苔

1. 依序将两根螺丝锁在砧板上，锁至螺丝固定不动即可，制作出两根螺丝间的空隙。

2. 将最大朵的主体丽娜莲茎部卡进预留的空隙中，再以较细的 #20 或 #22 号铁丝将卡住部位结实绑牢。

3. 周边填入水苔后压紧，再以 U 形钉固定，固定时螺丝要正好在 U 形钉里，左右各固定一支。

4. 右方先取直立的小圆刀以 U 形钉将其茎部固定在包覆于螺丝的水苔上，再塞入些许水苔压实，以 U 形钉固定。

5. 取些许波尼亚覆盖在小圆刀上，以 U 形钉固定茎部，再铺些水苔，记得用 U 形钉固定好。

6. 取第二朵丽娜莲脱盆去土，将朝向调整好后靠在固定好的波尼亚旁。

POINT

压实水苔的动作要用力，水苔干燥后会收缩，若没压实会因水苔的收缩而松散，导致植物体部分脱落。

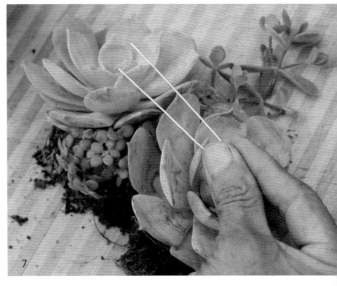

7. 先测量两朵丽娜莲的中心长度，接着取 #18 号铁丝折成 U 形，越粗的铁丝用来固定大植株效果越好，长的 U 形钉是为了与固定在木板的螺丝做连接。

8. 取适量水苔填补在丽娜莲下方的空隙，压实后再以 U 形钉固定。

9. 这时植物会因重量问题，感觉其与木板是分开的，因此再锁上一根螺丝。

10. 螺丝固定至不会晃动即可，再取 U 形钉（第一点螺丝与第二点螺丝的长度），然后将螺丝置于 U 形钉中间，由第二点往第一点方向固定。

11. 下方空隙处再以少量水苔填补，压实后以 U 形钉固定以防水苔不够紧实。

12. 上方以小圆刀填补丽娜莲与木板间的空隙，固定后再补些许水苔。

13. 取一小束波尼亚，以 U 形钉固定后再取少量水苔压实固定。

14. 姬胧月调整好朝向后，取 U 形钉固定，再铺少量水苔压实固定。

15. 抓少量波尼亚盖住姬胧月茎部，固定后铺少许水苔压实固定。

16. 以相同手法固定波尼亚，填补丽娜莲下方，再加水苔压衬固定。

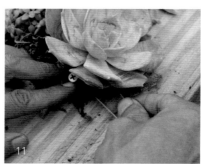

17. 锁上第三根螺丝，此时由第一根螺丝的点到第二根螺丝的线，再到第三根螺丝的面，将整个植物体与木板牢牢固定。

18. 放上第三棵主体，调整好朝向后往上方靠实。

19. 左手轻轻扶住，再取两支长 U 形钉，一支往第二点螺丝方向固定，一支往第一点螺丝方向固定。

15

16

18

17

19

20. 以少量水苔填补下方空隙，压实后以 U 形钉固定。

21. 左方先依序固定丽娜莲旁的两棵姬胧月，左手轻扶上方会比较好施力。

22. 铺上少许水苔，压实后以 U 形钉固定。

23. 两棵姬胧月中间补上另一棵姬胧月，此乃园艺上称的三角种法。

24. 在丽娜莲与姬胧月中间空隙补上一棵姬胧月，目的是让红色色块跟丽娜莲的色块大小一致。

25. 固定些许波尼亚，让波尼亚的绿衬托出姬胧月的红。

26. 固定与丽娜莲色系接近，但形态小一点的粉红佳人，这样才有主从分别，也不会抢了主角风采。

27. 下方以水苔填补空隙，若手边有驯鹿水苔，亮黄绿色是很好的点缀色。

28. 同样的，会因植物重量问题而有些松动，这时要再加一根螺丝。

29. 再取一或两支长 U 形钉，一支往第二根螺丝方向固定，一支往第三根螺丝方向固定。

30.最后取些许波尼亚盖住螺丝，此时便完成了右上方的部分。

31.转到左方，第一朵跟第三朵主体间同样采用三角种法，把略小的粉红佳人植入。

32.利用U形钉扣住茎部，一支往第一朵方向固定，一支往第三朵方向固定。

33.调整一下朝向，下方再补水苔压实，水苔不需多但要结实压紧固定。

34.两者间再植入红色系的姬胧月，使不同色系的多肉相互衬托。

35. 与木板间的缝隙以波尼亚收边，将缝隙填满。

36. 将水苔结实压紧后，再补上一根螺丝，螺丝高度以看不到为原则。

37. 取长的 U 形钉，一支往第一点螺丝方向固定，一支往第三点螺丝方向固定。

38. 再植入一棵姬胧月以增加红色系区块，这样跟粉红佳人有颜色上的辉映，与丽娜莲产生对比。

39. 以两朵小蔓莲填补空隙，此设计能与丽娜莲相互辉映，与姬胧月产生对比。

40. 植入较大朵的蔓莲，加重蔓莲的蓝白色系，最后加水苔压实固定。

41. 用手指或工具把水苔压实固定后，紧接着就是收尾动作。

42. 剩下刚好一朵白闪冠的空间，调整朝向。

43. 先将琴爪菊固定后，再以较长的 U 形钉扣住其茎部，若剩下的空隙太小，无法用手指推 U 形钉时，可用尖嘴钳夹住底部轻推固定。

FINISH

　　若觉得作品单调，可加进相同元素的汤匙
或厨房小摆件，让整个作品材料都有关联性。

04 迎新

时代洪流中，总有时起有时落。
摆脱拘泥的既有观点形式，
迎向一个全然不同的新舞台。

设计理念

此作品为壁挂式作品，由于红龟粿板比较小，用形态饱满的 Tippy（蒂比）、女雏，加上细碎的黄金万年草、小酒窝，表现出作品的细致度。

盆器

实木红龟粿板

多肉植物

雪山景天、红叶祭、紫梦、Tippy、黄丽、树状石莲、女雏、黄金万年草、大唐米、姬胧月、小酒窝

工具

剪刀、尖嘴钳、破坏剪、铁丝 #18、#20、螺丝、水苔

POINT

　　螺丝的规格有很多种，根据植物及盆器大小，挑选长度及大小适中的螺丝。植物越大相对地螺丝需长一些，以能支撑植物重量为原则。

　　1. 先将两根螺丝中间留些许空隙锁在板子上，锁至螺丝不会晃动，将红叶祭的茎部卡进两根螺丝中间。

　　2. 在螺丝周围铺上少许水苔，结实压实，再以 U 形钉固定，将第一个点结实固定。

　　3. 用少许黄金万年草盖住螺丝，再以 U 形钉固定，加水苔后再以 U 形钉固定一次。Tippy 以 U 形钉往第一螺丝点先行固定，再取少许水苔包覆茎部，压实后以 U 形钉固定。

　　4. 左上方种植较小莲座的 Tippy，左手轻扶住主体，在固定 U 形钉时会比较好施力，若因茎部太短导致 U 形钉无法扣住，可用 U 形钉扣住两三片下叶，以环抱茎部方式固定。

　　5. 下方加进少许黄金万年草以填补两朵 Tippy 间的空隙，一来跳色，二来以细小莲座突显较大的莲座，然后以 U 形钉固定。

6. 固定好后锁上第三根螺丝，制造第二个螺丝点，再辅以两支 U 形钉，一支扣住螺丝往第一朵 Tippy 方向固定，另一支扣住螺丝往第二朵 Tippy 方向固定。

7. 两朵 Tippy 间以三角种植方式植入第三朵 Tippy，让主角的三朵 Tippy 成一群落，一来同品系的多肉相呼应，二来也放大了同色系的色块。

8. 转到右上方，用不同黄色系的黄丽与黄金万年草做色系上的呼应，且衬托出主角 Tippy 的粉白。以 U 形钉先行固定后加少许水苔压实固定。

9. 下方用有些许长度的大唐米，一来大唐米的线条会增加主体的活泼性，二来深绿色的大唐米会衬托出黄丽与 Tippy 的色彩，以 U 形钉固定大唐米茎部，再加少许水苔压实后以 U 形钉固定。

10. 下方再植入黄丽，调整好朝向后先以 U 形钉固定，再补少许水苔，压实后以 U 形钉固定。

11. 锁上第四根螺丝，制造与木板的第三个连接点，接着辅以 U 形钉让连接点与已经种植好的部分合为一体。

6

7

8

9

10

11

12. 取一小条小酒窝种植于黄丽下方，制造向下延伸的线条与垂坠感。

13. 在 Tippy 下方植入两朵紫梦，接着加少许水苔压实，再植入一株较长的小酒窝与上方的小酒窝呼应，加重垂坠感。

14. Tippy 与紫梦间植入少许黄金万年草做跳色，以 U 形钉固定后加水苔压实。

15. 由右往左植入两朵女雏，此时便不难看出在植物的挑选上，主角与配角在大小上的差别，主角一定是主要焦点所在，配角是辅佐主角，所以不宜过大而抢了主角光环。

16. 左手轻扶已经植好的主体，用指头把水苔部分压实，确保主体水苔部分紧实而不松散，以免力度不够而导致脱落。

17. 取具线条感的树状石莲，剪下需要的长度，将茎部底端藏在紫梦的莲座下，再以 U 形钉固定。

18. 剪取一段约前朵一半长度的树状石莲，茎部用 U 形钉固定在紫梦莲座下方。

19. 取少量黄金万年草覆盖树状石莲茎部收边。

20. 再剪取一朵树状石莲，长度比第二朵短，种植于紫梦与女雏间的空隙。同品系的树状石莲会因高低层次不同，会将视线由主体往留白处延伸。

21. 树状石莲茎部同样以黄金万年草做收边，上方再以小朵的姬胧月收边，让姬胧月的红与紫梦的紫红色做呼应，让红色系由后方往前方延伸。

22. 再锁上一根螺丝，加强主体与木板的连接，外围因水苔层很薄，所用的螺丝相对就越短小，再以 U 形钉往主体方向固定跟主体连接。

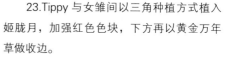

23.Tippy 与女雏间以三角种植方式植入姬胧月，加强红色色块，下方再以黄金万年草做收边。

24. 上方位置植入雪山景天，以 U 形钉固定，再加以水苔压实固定，做上方的收边。

25. 两朵 Tippy 间补上些许黄金万年草，让黄色系有所连接，再以少许小酒窝抓成小束收边。

26. 若有小缝隙，可用铁丝轻轻挑起叶片，直接将小朵的万年草类卡进叶片空隙。

FINISH

留白可增加想象空间，树状石莲为主体增加了线条感而不显呆板，也让主角 Tippy 显得更为亮眼。

TIPS

照顾方式

置于南朝向阳的日照充足环境，采用一次介质浇到湿透方式，或少量喷至表面潮湿的多次给水方式。

05 转折

人生就如同树枝一样，遇到阻碍，便会有转折，
无法一路顺畅平整，然而，这转折会让树干越来越茁壮，
也让树根愈发扎实更耐得住风吹雨打，从而成就一棵稳健的大树。

设计理念

顺着树干凹槽，用满满的卷娟填补树干空缺，
一朵朵的莲座展现群聚的原始美。

盆器

漂流木树枝

多肉植物

观音卷娟、
薄雪万年草

工具

剪刀、尖嘴钳、破坏
剪、十字刀、铁丝
#18、#20、螺丝、水
苔

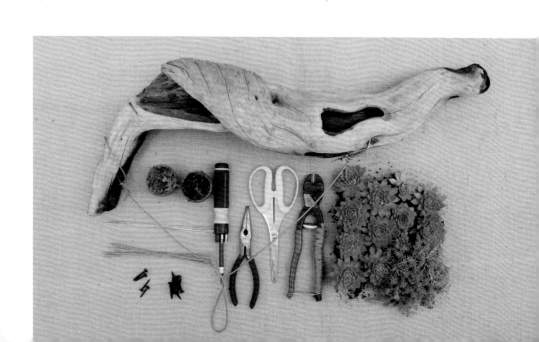

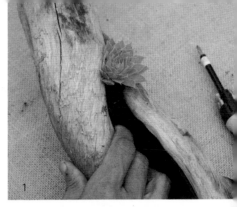

1. 漂流木刚好有个近似 V 字形的凹洞,利用树枝本身的形态加以利用。在 V 字形底端最窄处,将卷娟脱盆带土球种植于最底部。

2. 树干空隙处填入原本的土壤或用水苔填补空隙,压实后以 U 形钉固定。

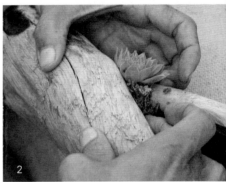

3. 将薄雪万年草茎部抓成一小束,再以 U 形钉固定,加上少许水苔,压实后再以 U 形钉结实固定。

4. 植入一棵卷娟,先用 U 形钉扣住茎部,再加土壤或水苔填补树树干间的空隙。

5. 此时的树洞开口较大处,为防止植物脱落,可横向锁上一根螺丝,牢牢地将植物往底部压实。

6. 再以一支 U 形钉扣住螺丝，往底部方向固定。

7. 再种植一棵卷娟，以 U 形钉扣住茎部，往底部方向固定，再加少许水苔压实后以 U 形钉固定。

8. 下方空隙同样再种植一棵卷娟，此时约略为主体的中间位置，所以挑莲座较为大朵的卷娟，同样以 U 形钉固定。

9. 下方树干间的空隙加入土壤，往底部压实。

10. 再植入一棵卷娟，以 U 形钉先行固定，此时 U 形钉的长度可长一些，使整个植物串在一起。

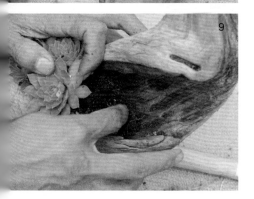

11. 接着横向锁上一根螺丝，螺丝可撑住卷娟，亦可固定介质。

12. 取一支较长的 U 形钉扣住螺丝，往底部方向固定，使螺丝与整个植物体连成一串。

13. 将薄雪万年草茎部抓成一小串，再以 U 形钉固定，加少许水苔压实后再以 U 形钉固定。

14. 万年草上方再种植一棵卷娟，以 U 形钉固定，再加少许水苔压实，并以 U 形钉固定。

11

12

13

14

15. 上方加进薄雪万年草，其可衬托出卷娟，且不会因单一物种形态而显得单调。

16. 上方再植入一棵卷娟，此时的 U 形钉长度可长些，使两朵卷娟有所连接，但以不露出主体为原则。

17. 来到 V 形开口处，注意卷娟的朝向，将前一棵往下压实再种植另一棵卷娟。

18. 以 U 形钉扣住茎部先行固定，再加水苔压实，以 U 形钉固定。

19. 再锁上一根螺丝，利用前面两根横向的螺丝与此次直立的螺丝，将植物与介质牢牢地卡在树洞中。

20. 螺丝上方种植一棵卷娟掩盖螺丝，以 U 形钉固定再加水苔压实，并以 U 形钉固定。

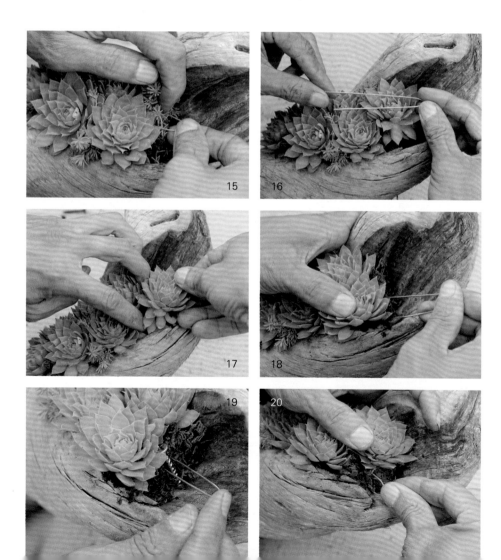

21. 上方补上薄雪万年草，将茎部抓成一小束后以 U 形钉固定，再加水苔压实，以 U 形钉固定。

22. 再补上一棵卷娟，此时因空隙小不易固定，可用 U 形钉扣住卷娟的下叶，以环抱方式固定。

23. 旁边再以黄绿色的驯鹿水苔作装饰，一来可让颜色突显，二来可增添原始风格。

24. 细长空隙处可种植薄雪万年草，以 U 形钉卡住即可。

25. 再以 U 形钉固定驯鹿水苔，或直接将驯鹿水苔塞在缝隙中。

FINISH

顺着树洞转折蜿蜒生长的卷娟，
展现出顺应情势、悠然自得的从容。

TIPS
照顾方式

置于南面日照充足处，以一次将介质浇湿，
或只喷湿植物表面的少量多次浇灌方式。

06 风华

一圈圈的年轮，诉说着年复一年的时光岁月，
斑驳的树皮，经历过多少风风雨雨，
曾经老去的风华，唯独记忆不曾退去。

设计理念

此作品为平放式作品，丰富的金色光辉作为主体，加上直立的扇雀与福娘，在斑驳的原木树皮衬托下，尽展生命风华。

盆器

修剪后取下的一段原木树干

多肉植物

福娘、扇雀、碧玲、立田锦、不死鸟、金色光辉、印地卡、黄金万年草、姬胧月、波尼亚、姬秋丽

工具

剪刀、尖嘴钳、破坏剪、十字刀、铁丝#18、#20、螺丝、水苔

1. 两根螺丝中间留些许空隙，并排锁在树干的上 1／3 处，锁至螺丝牢固不动即可，制造第一个与木头间的连接点。

2. 将扇雀的茎底部卡进预留的两根螺丝间，再以细铁丝圈住两根螺丝，把扇雀牢牢绑在铁丝上。

3. 再加入一棵较矮的扇雀，同样以细铁丝将扇雀跟螺丝绑紧，加少许水苔压实，并以 U 形钉固定。

4. 取最大朵的金色光辉当主角，莲座的面朝上，先以 U 形钉固定在扇雀下方，于茎部加水苔压实，以 U 形钉固定。

5. 于金色光辉侧边再植入第二棵金色光辉，此时约呈 45 度角，先以 U 形钉固定。

6. 茎部用少许水苔压实后以 U 形钉固定，把第一个连接点固定牢靠。

7. 水苔固定扎实后在旁边锁上螺丝，制造第二个与木头间的连接点，并用 U 形钉扣住螺丝，往第一个连接点方向固定，让两个连接点因为 U 形钉，由一个点的连接变成两个点成一线的固定。

8. 将黄金万年草茎部抓成一小束，以 U 形钉固定在金色光辉下方，加少许水苔压实后以 U 形钉固定。

9. 两朵金色光辉间以三角种法，植入一棵比金色光辉小的姬胧月，先以 U 形钉固定，在茎部加水苔压实后以 U 形钉固定。

10. 将少许波尼亚茎部抓成一小束，再以 U 形钉固定于姬胧月下方，加少许水苔压实，以 U 形钉固定好。

11. 金色光辉与姬胧月中间以 U 形钉固定，另一棵姬胧月置于两棵姬胧月间，以 U 形钉固定第三棵姬胧月，加重红色系。

12. 再锁上一根螺丝，制造第三个与木头间的连接点。

13. 先将姬胧月下方空隙以水苔填补，再用两支 U 形钉扣住第三个连接点（螺丝），一支往第二个连接点方向固定，一支往第一个连接点方向固定。加上先前由第二个连接点往第一个连接点固定的 U 形钉，就成为一个面，即可牢牢地把种植好的主体与木头完整结合。

14. 姬胧月下方再补些波尼亚做收边，将碧玲的茎部底端以 U 形钉固定在压实的水苔上，做垂坠的效果与动线。

15. 若碧玲过长可将中段茎部以 U 形钉固定在波尼亚下方，利用波尼亚掩盖住 U 形钉。

16. 植入女雏，若因莲座密集茎部很短时，可用 U 形钉扣住下叶，以环抱植株方式固定。小心地将 U 形钉慢慢推进女雏的下叶里。

17. 取一棵高度约金色光辉两倍高的扇雀植于金色光辉前，以 U 形钉固定后补些水苔压实，以 U 形钉固定。

18. 转至前方，女雏下方以黄金万年草做收边，抓成一小束，再以 U 形钉固定茎部。

19. 扇雀与女雏中间植入不死鸟，以不死鸟特有的棒状叶衬托出莲座与扇雀的白。

20. 再锁上一根螺丝加强与木头的连接，接着以 U 形钉扣住，让螺丝与完成的主体连接。

21. 女雏下方再植入姬秋丽，以 U 形钉固定后再用少许水苔压实，并利用 U 形钉固定。

22. 不死鸟与姬秋丽间植入印地卡，先以 U 形钉固定，再加水苔压实。

23. 取一棵有线条的福娘植在不死鸟后方，并以 U 形钉固定茎部。

24. 福娘下方植入扇雀，扇雀高度比不死鸟高些即可，制造层次感。

25. 前方再植入女雏，同样以 U 形钉扣住下叶，将女雏固定好。

26. 前方依序补上波尼亚，植入姬秋丽，沿着木头弧度做收边。

27. 前方再种植些黄金万年草作为跳色，一部分往内缩，露出木头原貌。

28. 中央部分植入莲座较大的立田锦、有弧度线条的福娘，将福娘茎部藏在立田锦下方并以 U 形钉固定，加少许水苔压实。

29. 福娘下方因叶片不多，可用扇雀填补，以制造层次感且加重白色系，接着以 U 形钉固定，并加水苔压实。

30. 下方再加上两棵红色系印地卡作为跳色，并以 U 形钉固定，加水苔压实。

31. 顺着做好的主体结构由前往后做收边，先固定一棵姬秋丽，再取少量波尼亚抓成小束，固定在扇雀下方。

32. 取少量黄金万年草将茎部抓成小束，以 U 形钉固定在立田锦下方。

33. 再往左方固定两至三朵印地卡，一来突显颜色，二来在细碎的草类间跳出莲座，创造形态上的反差。

34. 再以不死鸟小植株填满其他空隙，制造群落的感觉。

35. 前方再以黄金万年草做收边，让其跟右方的黄金万年草相呼应，衬托出不死鸟的颜色。

FINISH

斑驳的树干
诉说着岁月的痕迹，
多肉的丰盛
展现出生命的风华。

TIPS　　照顾方式

　　置于南朝向阳日照充足处，水分以一次将
介质浇至湿透，或等介质干了再浇方式，也可
喷湿介质表面，采取少量多次浇水方式。

07 傲立

老植株有种坚韧的风韵，虽只是单一种类的品系，
却能表现出一份傲然，亭亭玉立的姿态。

设计理念

此作品为平放式作品，老树头搭配上老姿态的千兔耳，
激荡出一份和谐与苍劲之感。

盆器

块状老树头

多肉植物

有枝干线条且有高低
层次的千兔耳

工具

剪刀、尖嘴钳、十字
刀、破坏剪、铁丝
#18、#20、螺丝、水
苔

1. 先取两根螺丝并排锁在木头上，中间预留千兔耳茎宽的空隙。

2. 将千兔耳脱盆去土，取最高的千兔耳将多余下叶拔除，将茎部卡在两根螺丝间。

3. 取 #20 号铁丝或更细的铁丝将千兔耳茎部与螺丝紧紧绑牢。

4. 待绑牢后用破坏剪剪除多余铁丝。

5. 取些许水苔包覆在螺丝周围，压实后用 U 形钉固定。

6. 取另一棵高度较矮的千兔耳以 U 形钉固定在右方，再以少许水苔压实。

7. 左方再挑选另一棵有斜线条的植株，高度比最高的主体矮些，接着以 U 形钉固定。

8. 锁上螺丝，制造第二个与木头间的连接点，补上 U 形钉，扣住螺丝往第一个连接点方向固定。

9. 将根部覆上水苔后压实，接着用 U 形钉将水苔固定，制造一个扎实的水苔球。

10. 利用千兔耳的多头性及岁月塑造出的线条，另取一往外延伸的植株。

11. 以 U 形钉将茎部固定在水苔上，若一支固定不了，可增加支数。

12. 下方填补水苔压实后，再以 U 形钉结实固定。

13. 此时可略为调整千兔耳的层次，剪除过分拥挤的枝条，将上中下层次抓出来。

14. 剪下来的枝条若高度适中，可用来补下方的空隙，同样以 U 形钉固定，补水苔压实。

15. 左下方以驯鹿水苔覆盖做收边，黄绿色的驯鹿水苔可营造近似森林底部青苔的景象。

16. 同样以 U 形钉固定，驯鹿水苔维持其原本蓬松的形态即可。

17. 右方再覆盖上一层绿色水苔制造不同色块，营造出不同种类青苔生长的感觉。

18. 再于右方绿色水苔上覆盖些许驯鹿水苔，同样以 U 形钉固定。

19. 剪取一小段顶芽用 U 形钉固定在前方的位置，让前方不会显得空洞。

20. 再以驯鹿水苔盖住茎部做收边，同样以 U 形钉结实固定。

21. 左方部分同样剪取一小段顶芽以补左方空隙，将茎部先插入水苔中，再以 U 形钉固定。

22. 下方再以少许不同颜色的驯鹿水苔盖住茎部，并以 U 形钉固定，制造不同种类青苔的效果。

FINISH

宛如一座迷你
小森林傲然挺立生
长在山边石头上。

TIPS

照顾方式

置于南朝向阳日照充足处，水分以一次将介质浇湿，
等介质干了再浇水，或浇湿表面介质，采少量多次方式。

Chapter *2*

运 用 篇

　　不同元素呈现出的质感各有特色，例如：生锈的铁件，散发着一种时间淬炼过的沧桑；不同形态的漂流木，表现出大自然的鬼斧神工；凡经过时间与自然淬炼的物质，都表现出其经时间与自然重新塑造过的原始魅力。

将不同的元素结合在一起，运用一些巧思，撞击出的又是一种另类的美感，植入多肉植物，运用植物生命力的反差，去表现这些元素的特性，带出回归自然的原始。

　　其实这些元素都有着一个共通点，那就是皆经过大自然及时间的磨炼，而这个共通点，串起整个作品的关联性，让彼此不同元素，显得兼容而不突兀。

　　运用篇中为大家介绍的是如何运用不同材质的元素，与多肉结合，加上一些天马行空想法所呈现出的创意作品。

08 植树

高耸直立的大树，散发着威武与坚毅气质，
将这份巍峨镶嵌在木板上，
也植在心板上，成就心中巍然屹立的大树。

设计理念

此作品为壁挂式立面作品，利用树枝与木板的结合当作树干，再植入多肉植物营造出树冠层，表现出大树的感觉。

盆器

先将一长一短的树枝以螺丝或铁钉固定在木板上。

多肉植物

玉蝶、玫瑰景天、姬秋丽、姬胧月、树状石莲、黄金万年草、薄雪万年草、大银明色

工具

剪刀、尖嘴钳、破坏剪、十字起子、小铁锤、铁丝 #18、#20、螺丝、水苔

步骤示范

1. 两根螺丝锁在树枝上方位置（预留玉蝶茎部的空间），制造第一个与木板间的连接点，若木板太硬螺丝不好锁，可先用铁锤敲打螺丝。

2. 将玉蝶茎部卡进预留缝隙中，再以细铁丝将其茎部与螺丝绑紧。

3. 剪除多余铁丝，茎部再填补水苔，压实后以 U 形钉固定。

4. 利用树枝与螺丝间的空隙，将另一朵玉蝶茎部先行以 U 形钉往第一个连接点方向固定，再于茎部填补水苔，压实后以 U 形钉固定。

5. 取适量玫瑰景天将其茎部抓成一小把，先以 U 形钉往第一连接点方向固定，再补少许水苔，压实后以 U 形钉固定。

6.下方加入姬胧月，先行以 U 形钉固定，再加水苔压实。

7.接着取第三棵玉蝶，用 #18 号铁丝对折为 U 形钉，长度约到第一连接点。

8.将 U 形钉扣住玉蝶茎部，左手轻扶主体，轻推往第一连接点方向固定。

9.下方茎部空隙处补上水苔，压实后以 U 形钉固定。

10.姬胧月与玉蝶间再锁上一根螺丝，制造第二个连接点。

11

12

13

11. 再以较长的 U 形钉扣住螺丝，往第一个连接点方向固定。

12. 下方靠着树枝再补上一棵姬胧月，营造出叶片浮在树枝上，树叶盖住树枝的感觉，接着以 U 形钉固定，加水苔压实。

13. 补上一棵姬胧月盖住螺丝，再以 U 形钉固定。用三棵姬胧月加重红色系。

14. 拨起姬胧月下叶，由树枝旁开始将黄金万年草抓成小束，以 U 形钉固定茎部往上方做收边。

15. 加少许水苔压实，再以 U 形钉固定。

14

15

16. 在黄金万年草旁加上姬秋丽，以 U 形钉固定后再加少许水苔压实固定。

17. 上方与玉蝶间的空隙补上黄金万年草作为跳色。

18. 由上方开始补卜小朵的大银明色，并以 U 形钉固定。

19. 补少许水苔后压实，并以 U 形钉固定。

20. 再往上方，取少量黄金万年草将茎部抓成一小束，并以 U 形钉固定，加少量水苔压实。

21

22

21. 取三棵树状石莲依序植入，并以 U 形钉固定，此时要注意植物的朝向及高度。

22. 让三朵树状石莲的朝向刚好呈现弧形。在茎部补上少许水苔后压实，再以 U 形钉固定。

23. 在茎部补上少许水苔后压实，再以 U 形钉固定。

24. 锁上螺丝，制造第三个连接点，辅以两支较长的 U 形钉扣住螺丝，一支往第一个连接点方向固定，另一支往第二个连接点方向固定。

25. 在两朵玉蝶中间植入少许玫瑰景天，再以 U 形钉固定茎部。

23

24

25

27

28

26

29

26. 下方取少许薄雪万年草做收边,先将茎部抓成一小束并以 U 形钉固定,再加少许水苔。

27. 植入另一朵玉蝶,由于茎部较短,可用 U 形钉卡住下叶的方式固定。

28. 手指不好出力时,可用尖嘴钳夹住 U 形钉轻推。

29. 下方空隙处补上水苔,压实后以 U 形钉固定。

30. 下方再以薄雪万年草做收边,茎部抓成小束后以 U 形钉固定,加水苔压实。

30

31.两朵玉蝶间采用三角种法植入一朵姬胧月,以尖嘴钳夹住U形钉固定,再加少许水苔压实。

32.再补上薄雪万年草做收边,以U形钉固定。

33.加少许玫瑰景天作为跳色,虽同为收边的草类,但不同形态跟颜色可相互衬托。

34.最后,先从右方靠近树枝处补上黄金万年草,然后植入一朵姬胧月。在两朵玉蝶间,以三角种法植入一朵姬胧月,加水苔压实固定。

35.左方植入一朵较小的玉蝶后加水苔固定,锁上一根螺丝制造第四个连接点,取两支较长的U形钉,一支往第三个连接点固定,一支往第一个连接点固定。

36. 左方以薄雪万年草做收边，再加些许玫瑰景天作为跳色（日照强、温差大时会呈红色，而跟姬胧月成同色系）。

37. 右方补上与姬胧月同色系的大银明色，下方再植入姬秋丽作为跳色。

38. 薄雪万年草与玫瑰景天中间补上一朵莲座形大银明色；右方姬胧月与大银明色间再植入一朵大银明色加重红色系。

39. 最后以黄金万年草做收边。

40. 若发现完成的主体莲座与莲座间有较大空隙，可反转 U 形钉。

41. 以 U 形钉圆弧部位将草类轻轻卡进叶片空隙中，让草类茎部碰到水苔即可。

42. 上方主体完成时转到下方另一个树干，配合树干粗细，相对应的植物形态也小一些。

43. 利用树枝锁上螺丝，将玉蝶卡在树枝与螺丝间，此时螺丝不见得要锁正，也可锁斜的，将茎部压在木板上。

44. 再以一根细铁丝将螺丝、玉蝶茎部与树枝绑紧，将第一个连接点固定好。

45. 在玉蝶茎部加少许水苔，压实后以短 U 形钉固定。

46. 取少许黄金万年草塞进玉蝶下叶的空隙，加少许水苔后以 U 形钉往第一个连接点方向固定。

47. 取另一朵玉蝶让其浮在树枝上方，茎部往树枝侧面靠紧。

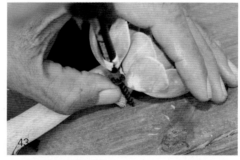

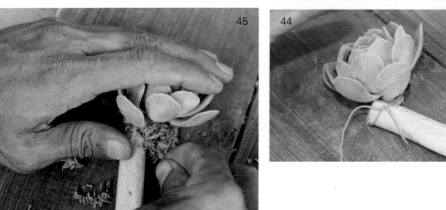

48. 再取较长的 U 形钉由下往上扣住玉蝶茎部，往第一个连接点方向固定，下方空隙再补上水苔压实。

49. 取黄金万年草做收边，此时可挑较为矮小的植株，保留些许根部土球，以 45 度角植入。

50. 转到左半边，先在玉蝶下方空隙塞进黄金万年草做收边；接着固定少许玫瑰景天，以填补两朵玉蝶间的空隙，再用 U 形钉固定第三朵较小的玉蝶。

46

47

48

49

50

52

53

51

54

55

51. 填入少许水苔并以 U 形钉固定，锁上第二根螺丝。

52. 以 U 形钉扣住螺丝。

53. 两朵玉蝶间空隙以玫瑰景天填补，下方再以黄金万年草做收边，下方植入一朵大银明色，U 形钉则由下往上方固定。

54. 加水苔压实固定，再补上两朵大银明色，以加重红色系。

55. 以黄金万年草填补大银明色下方空隙做收边，由于黄金万年草茎部很细，所以用细 U 形钉固定即可。

FINISH

　一棵生机盎然
的树鲜活地树立在
木板上。

09 链恋

一个环节扣着一个环节，彼此相互牵动着。
链着的是一种互相牵绊，恋着的是一份互相依偎。

设计理念

此作品为壁挂式立面作品，利用生锈淘汰的链条，环状固定在木板周围，让单调的木板多一些变化。接着再以薄化妆的绿，摩氏玉莲的咖啡绿与链条的锈，运用同色系与对比色系，让生命与器物间产生关连性，为作品增添生动元素。

盆器	多肉植物	工具
木板加上生锈的链条	薄化妆、碧玲、摩氏玉莲、小圆刀、万年草	剪刀、尖嘴钳、破坏剪、十字刀、铁丝#18、#20、螺丝、水苔

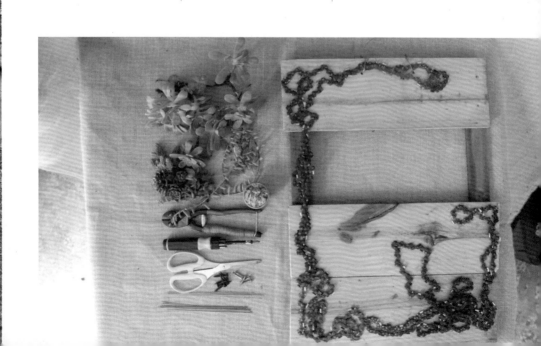

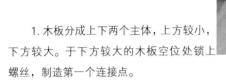

1

步骤示范

　　1. 木板分成上下两个主体，上方较小，下方较大。于下方较大的木板空位处锁上螺丝，制造第一个连接点。

　　2. 将薄化妆茎部左边靠着螺丝，右方锁上另一根螺丝。利用两根螺丝夹住薄化妆茎部，把第一个连接点固定好。

　　3. 再取另一丛薄化妆，大小高低都比先前的薄化妆小。留下土团将茎部由下往上靠在第一个连接点，下方再锁上一根螺丝制造第二个连接点。

　　4. 取水苔覆盖茎部压实后以 U 形钉固定，上方空隙处补上一朵莲座较完整的薄化妆，再加水苔压实固定。

3

2

4

5. 转到侧边，再将薄化妆茎部固定在水苔上，让莲座在链条上，营造自然且栽植很久的效果。

6. 转到对角线的上方木板，锁上两根螺丝，螺丝间预留摩氏玉莲茎部大小的空隙。

7. 将摩氏玉莲茎部卡进预留空隙中，再以铁丝将螺丝与茎部绑在一起。

8. 结实绑牢后加少许水苔压实，并以 U 形钉固定。

9. 上方以 U 形钉扣住摩氏玉莲茎部，往第一个螺丝方向固定。

10. 两朵摩氏玉莲间再植入一棵摩氏玉莲盖住螺丝，用少许水苔填补茎部空隙，侧边再以碧玲填补空隙做收边，可用一条较长的碧玲制造垂坠感。

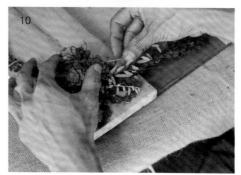

11. 第三朵摩氏玉莲下方锁上螺丝以加强与木板间的连接。

12. 取两支 U 形钉扣住螺丝，分别往不同方向的摩氏玉莲固定，加少许水苔压实。

13. 第三朵摩氏玉莲下方植入绿色小圆刀作为跳色。

14. 先以 U 形钉固定后再加少许水苔，压实后以 U 形钉固定。

15. 最后的空隙取一小束万年草做收边，侧边固定茎部再将叶片拨正。

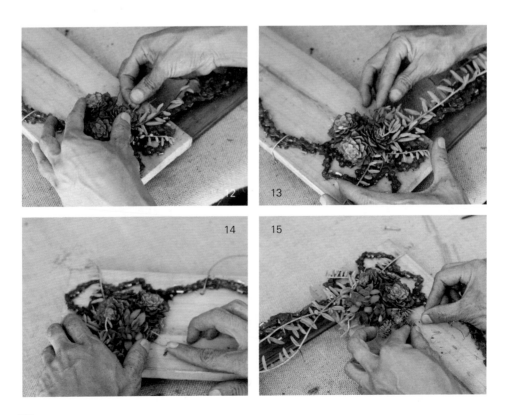

FINISH

虽然用的植物不多，薄化妆的绿却能衬托出链条的存在，沿着链条的动线走，又会遇上同色调的摩氏玉莲，对应的两个主体，因链而有着一分依恋。

10 禅绕

禅是简单亦是清明，缠是烦琐亦是复杂。
禅与缠间，绕个弯，简单与烦琐间，清明与复杂间，
也能明一分中庸之道。

设计理念

此作品为平放式立体作品，运用粗棉绳以铁钉固定在木板上，让平面的木板增加动感，再以植物及石头相互搭配，运用石头的留白点出禅味，搭配丰盛多样的植物带出烦琐，这简单与复杂间碰撞出的是生命的美好。

盆器

木板上以粗棉绳缠绕出所要的样式，再以铁钉或螺丝固定棉绳。

多肉植物

月光兔、史瑞克、天锦章、银红莲、秋丽、毛姬星美人、波尼亚、姬胧月、黄金万年草、纽伦堡珍珠、香蕉石莲、迷你莲

工具

剪刀、尖嘴钳、破坏剪、十字刀、铁丝#18、#20、螺丝、水苔、碎石、石头

1. 将月光兔种植在木板右 1／3 处，先利用棉绳卡住月光兔。

2. 土球旁锁上一根螺丝，以 U 形钉扣住螺丝。

3. 前方再补上一棵较矮的月光兔，同样以 U 形钉往第一棵月光兔土球方向固定。

4. 前方再植入秋丽，利用棉绳为边缘固定。

5. 秋丽后方再植入一棵较小的秋丽，接着以 U 形钉固定。

6. 前方植入少许黄金万年草，部分植株越过棉绳，营造长久生长的形态。

7. 黄金万年草旁再补上一棵秋丽，后方植入天锦章，让线条顺着木板往右方延伸。

8. 植入纽伦堡珍珠，下方以 U 形钉扣住茎部固定。

9. 前方棉绳旁以少量黄金万年草做收边，后方天锦章下方再以一颗石头固定其角度。

10. 秋丽与纽伦堡珍珠间空隙植入姬胧月，下方茎部若有空隙则填补土壤介质或水苔，往中间压实。

11. 前方植入毛姬星美人，然后把下方介质往中间压实。

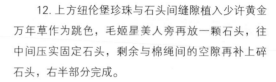

12. 上方纽伦堡珍珠与石头间缝隙植入少许黄金万年草作为跳色，毛姬星美人旁再放一颗石头，往中间压实固定石头，剩余与棉绳间的空隙再补上碎石头，右半部分完成。

13. 转到左半部分，利用棉绳间的空隙植入两棵纽伦堡珍珠，下方再填入介质或水苔压实。

14. 前方植入波尼亚，以一支较长的 U 形钉往种植好的主体固定。

15. 往左在棉绳间空间较小的位置植入史瑞克，在其茎部前方锁上一根螺丝，利用螺丝将史瑞克压在棉绳上固定。

16. 前方植入银红莲，后方再植入香蕉石莲，下方补上介质或水苔压实。

17. 前方以黄金万年草做收边，做出些许往下长的形态，后方补上一棵姬胧月。

18. 黄金万年草旁靠着棉绳补上一颗石头，往左压把介质压实。

19. 石头与姬胧月间空隙补上一小朵秋丽，再以碎石头填满棉绳间的空隙。

20. 在史瑞克左方植入一棵银红莲，以U形钉固定。

17

18

19

20

21. 前方再以黄金万年草做收边，加土壤或水苔压实，并以 U 形钉固定。

22. 银红莲上方空隙补上一棵姬胧月，高度比银红莲高些，再于下方压一颗石头固定。

23. 后方空隙以黄金万年草做收边。

24. 银红莲下方石头与棉绳间空隙植入一棵迷你莲，再压上一颗较扁平的石头，石头前方种植迷你莲。

25. 于迷你莲旁种植少许毛姬星美人，再将剩余空隙以碎石头填满。

21

22

23

FINISH

　　一个缠绕着生命与
禅意的作品就完成了。

🐍 TIPS

照顾方式

　　置于南朝向阳日照充足处，给水以一次将介
质浇透，让其吸饱水分，待介质干了再浇水，或
只把植物或介质表面喷湿的少量多次浇水方式。

11 转变

一个可能加一个可能，就能转变成无限可能。
一块木头加上一块木头，虽然只是形态上的变化，
却能以各式各样的姿态，让生活有莫大的转变。

设计理念

此作品为平放式直立作品，大小两块木头加上细铁条，就
成了可爱的麋鹿造型，运用多肉植物作为其鬃毛，让作品
显得更为活泼生动。

盆器

两块大小不同的木
头，加上粗铁丝做成
的麋鹿。

多肉植物

荒波、照波、银箭、
红叶祭、母子莲、黄
金万年草、雨心、薄
雪万年草

工具

剪刀、尖嘴钳、破坏
剪、十字刀、铁丝
#18、#20、螺丝、水
苔

1. 在麋鹿脖子位置，左右平行各锁上一根螺丝，螺丝与细铁丝间要留些空隙。

2. 将红叶祭茎部卡进预留空隙中，左右各一棵，再加水苔覆盖。

3. 将水苔压实，左右各一支 U 形钉扣住螺丝做固定，也可用细铁丝将整个螺丝捆绑固定。

4. 下方再植入一小撮群生的母子莲，接着以 U 形钉固定茎部。

104

5. 母子莲与红叶祭间的空隙植入一小束黄金万年草作为跳色，再以 U 形钉固定。

6. 左方再植入群生的母子莲，并以 U 形钉将茎部固定在水苔上。

7. 茎部以少许水苔覆盖，压实再以 U 形钉固定。

8. 将荒波茎部靠在水苔上，以 U 形钉做假固定。

9. 转到右方，同样先补上少许黄金万年草与母子莲，再将荒波做假固定。

10. 在荒波茎部旁锁上一根短螺丝。

11. 以 U 形钉扣住螺丝，往压实的水苔方向固定。

12. 左方同样在荒波茎部旁锁上螺丝，若木头太硬，可先用铁锤敲一下十字刀或螺丝，以免施力不均而伤到手指。

13. 再以 U 形钉扣住螺丝，往压实的水苔方向固定。

14. 将黄金万年草植入下叶与木头间的空隙做收边。

15. 植入雨心让其往下延伸。

16. 转到右方，同样先植入黄金万年草做收边，再补上雨心，让视线从正面看时植物为左右对称。

17. 在荒波后方植入黄金万年草做侧面的收边。

18. 红叶祭后方再各自植入一棵银箭，高度比红叶祭略高一些。

19. 另一侧植入黄金万年草做收边，根部再覆盖少许水苔，以 U 形钉固定。

20. 后方正中间植入照波，以略长的 U 形钉往压实的水苔球方向固定。

21. 侧面黄金万年草后方植入一小束薄雪万年草。

22. 再取一小束黄金万年草作为跳色，往身体中心延伸。

23. 另一面同样以薄雪万年草植于侧面的黄金万年草后方。

24. 再以黄金万年草做最后的收尾动作。

TIPS

照顾方式

置于南朝向阳日照充足
处，给水以一次浇湿介质，或
少量多次的给水方式。

FINISH

披着多肉鬃毛的麋鹿，
在这转变中多了份灿烂活力。

12 平实

叶片圆圆大大的唐印，总给人一种平实的感觉，然而时节一到，它也能展现出光鲜炫目的丰采。

设计理念

此作品为壁挂式立面作品，运用单一种类大型的唐印，虽未加入其他品系，然而唐印在转红时刻，其呈现出的色彩变化相当丰富，同样会让人眼前为之一亮。

盆器

《疯多肉！跟着多肉玩家学组盆》一书中，《岁岁迭迭》作品的盆器因外力毁损而留下的木板。

多肉植物

不同大小的唐印

工具

剪刀、尖嘴钳、破坏剪、十字刀、铁丝#18、#20、螺丝、水苔

步骤示范

1.顺着最大朵唐印的弧度将其固定在下方中间处，接着在茎部两旁各锁上一根螺丝。

2.用水苔覆盖螺丝并以U形钉固定。

3.下方再植入一朵形态小一点的唐印，同样在茎部左右各锁上螺丝固定。

POINT

图片用的是绿色水苔，我称之为"偷吃步"。 因为水苔外露时，也会显得比较美观，若以种植角度考虑，智利水苔的效果较好。

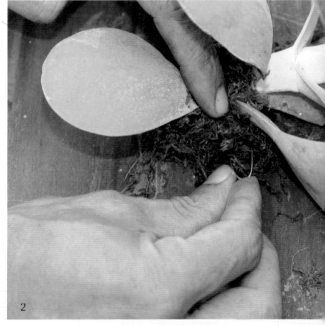

POINT

很多读者问，铁丝若是插到植物体会不会伤到它？毫无疑问的一定会，但若是生长旺盛的生长期或冬季，伤口很快就会愈合，而不影响植物生长。

4. 以水苔覆盖螺丝，压实以 U 形钉固定，因唐印重量较重，所以用 #18 号铁丝固定。

5. 下方再植入较小的唐印覆盖水苔。

6. 以 #18 号粗铁丝先行将茎部固定。

7. 下方再锁上一根螺丝，并以 U 形钉扣住螺丝，往上方固定。

8. 覆上水苔压实后再以 U 形钉固定。

9. 再植入一棵更小的唐印，因位于下方，此时朝向就要朝下，茎部靠在之前的植株茎部旁。

10. 茎部下方再锁上一根螺丝，由于茎部较粗，所以用较长的螺丝卡住。

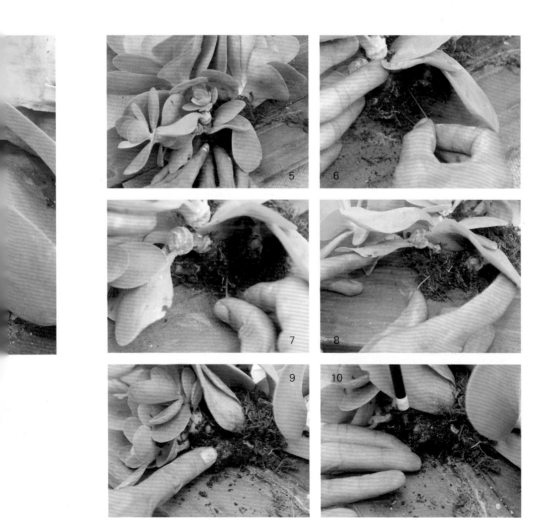

11. 以 #18 号 U 形钉固定。

12. 补上水苔压实，再以 U 形钉固定。

13. 右下方再补上一棵唐印，通常较老的植株会有多头莲座，一朵就能将剩余的空隙填满。

14. 先以较长的 U 形钉往上方压实。

15. 下方再锁上一根螺丝并以 U 形钉扣住。

16. 以水苔覆盖茎部压实。

17. 可再补上一、两支较长的 U 形钉，以看不到铁丝为原则。

18. 加入一些驯鹿水苔作为跳色。

FINISH

　　一个平实单一的唐印作品，在遇到日照强且温差大的冬季，就会绽放鲜明炫目的红。

TIPS　　照顾方式

　　置于南朝向阳日照充足处，水分以一次将介质水苔浇湿，或采用少量多次浇水方式。

13 安逸

树梢上鸟儿们的叽叽喳喳虽带着些许嘈杂，
但更多的是祥和之气装载在笼子里，
让这份安逸驻留心里。

设计理念

此作品为悬吊式平面作品，利用鸟儿加上多肉植物，营造出身处丛林的意境，仿佛将大自然中的一景撷取到生活空间中。

盆器

木质底座的鸟笼

多肉植物

极乐鸟、花月、火祭、黄金万年草、姬胧月、东美人锦、红旭鹤、花月夜、秋丽、黄丽、黄花新月、三爪玄月

工具

剪刀、尖嘴钳、破坏剪、十字刀、铁丝#18、#20、螺丝、水苔

1

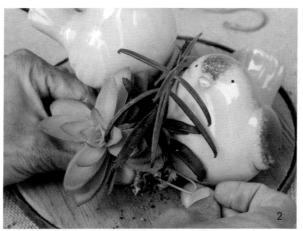

2

3

4

5

1. 先将鸟儿装饰品以螺丝或防水胶固定在木板上，在两只小鸟中间的空隙前锁上一根螺丝。

2. 将火祭植于螺丝与小鸟间，以细铁丝将火祭茎部与螺丝绑牢，火祭后方再加上一棵较高的极乐鸟。

3. 前方加上莲座较大的东美人锦，先以 U 形钉固定加水苔压实，再于前方锁上 一根螺丝。

4. 取略长的 U 形钉扣住螺丝，往第一根螺丝方向固定。

5. 将姬胧月从侧边植入，以 U 形钉扣住茎部，加少许水苔压实。

6. 加上较短的三爪玄月增加不同形态的植物变化。

7. 将一小束黄金万年草茎部以 U 形钉固定。

8. 取黄花新月以 U 形钉固定茎部后加水苔压实。

9. 取一小朵黄丽以 U 形钉固定。

10. 黄丽上方再植入一棵姬胧月作为跳色，若茎部过短可将 U 形钉扣住下叶固定。

11. 先于黄丽旁植入一条略长的三爪玄月，再植入一朵姬胧月做收边，接着锁上一根螺丝固定。

12. 火祭后方补植极乐鸟以加重其分量，营造出小鸟躲在肉丛间的氛围。

13. 火祭旁植入红旭鹤，当日照强、温差大时，火祭、姬胧月、红旭鹤将会呈现不同层次的红。

14. 前方植入较大朵的黄丽，当颜色转红时，黄丽的红边会与主体的红相呼应。

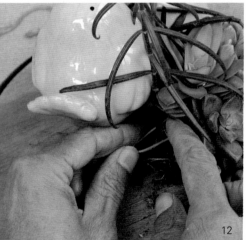

15. 下方再取不同长短的三爪玄月做收边。

16. 旁边植入少许黄金万年草与黄丽作呼应，且与三爪玄月作为跳色，再于上方植入秋丽。

17. 秋丽下方再植入一棵黄丽以加重黄色系，固定方式以 U 形钉扣住下叶，再将 U 形钉轻推藏进下叶中。

18. 下方以黄花新月做收边，再锁上一根螺丝。

19. 以较长的 U 形钉扣住螺丝，往第一个连接点方向固定。

20. 再以黄金万年草补足剩余的空间做收边，前半部分完成。

21. 转到后半部分，先植入一棵较高的花月。

22. 植入一棵东美人锦，再取一段黄花新月，让其跨过小鸟的尾端，以营造其躲在肉丛间的氛围。

23. 取一段较矮的花月，同样跨过小鸟尾端，让其往外延伸，制造层次感。

24. 接着由上往下植入两朵姬胧月与黄花新月，加水苔压实以 U 形钉固定，若觉得水苔与木板间容易分开没结实连接，可锁上一根螺丝。

25. 再由右往左植入小朵的花月夜与黄金万年草做收边。

26. 植入花月夜，以 U 形钉扣住下叶，可用尖嘴钳或剪刀夹住 U 形钉底部会较容易将 U 形钉推进下叶间隙中。

27. 由上往下以黄金万年草、极乐鸟、三爪玄月做收边。

26

27

FINISH

不受惊扰而平静安
逸的呢喃就收藏在笼中。

TIPS

照顾方式

置于南朝向阳日照充足处，水分以一次将介质浇湿，或等
介质干了再浇至湿透的方式，也可采用少量多次浇水的方式。

14 重生

惊滔骇浪中浮沉几回，历经多少风霜，
终究有上岸的时候，再经蜕变，一改前景，
重新展现另一份生机。

设计理念

此作品为悬挂式立面作品，运用两块平面漂流木的结合，
植入多肉植物，就是一个造型独特的招牌或指示牌。

盆器

捡拾而来的漂流木，
以铁丝连接

多肉植物

玄月锦、花簪、特叶
玉蝶、火祭、玫瑰景
天

工具

剪刀、尖嘴钳、破坏
剪、十字刀、铁丝
#18、#20、螺丝、水
苔

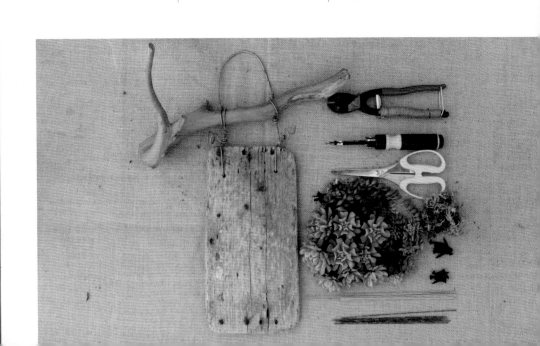

步骤示范

1. 在木板约略中央位置锁上两根螺丝，螺丝间留些许空隙。

2. 将最大朵的特叶玉蝶去土后，把茎部卡进预留空隙中。

3. 特叶玉蝶的朝向要与木板成90度垂直，下方加少许水苔压实，并以U形钉固定；也可取细铁丝将茎与螺丝绑牢。

4. 上方植入一棵特叶玉蝶，调整两朵植株使其弧度往木板延伸，若下方介质太空可补水苔。先以U形钉由上往下的第一个连接点做固定。

5. 右下方再加入一朵特叶玉蝶，U形钉由右下往第一个连接点方向固定。

6. 茎部加少许水苔压实后以U形钉固定好，下方再锁上一根螺丝制造第二个连接点，再以U形钉扣住螺丝往第一个连接点方向固定。

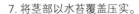

7. 将茎部以水苔覆盖压实。

8. 下方再植入一朵特叶玉蝶，以较长的 U 形钉由下往上方第一个连接点方向做固定。

9. 右下方再于两朵特叶玉蝶间植入特叶玉蝶，以长的 U 形钉往第一连接点方向固定做收边。

10. 两朵特叶玉蝶间再植入一小撮花簪作跳色。

11. 花簪与木板间以一朵较小的特叶玉蝶做收边，加水苔压实以 U 形钉固定后，再锁上一根螺丝。

12. 下方以花簪做收边。

13. 将长玄月锦的茎底部固定在水苔上，再加入一小束玫瑰景天。

14. 由中间往外固定火祭作跳色。

15. 火祭上方再植入一朵特叶玉蝶。

16. 特叶玉蝶旁的空隙以玫瑰景天做收边。

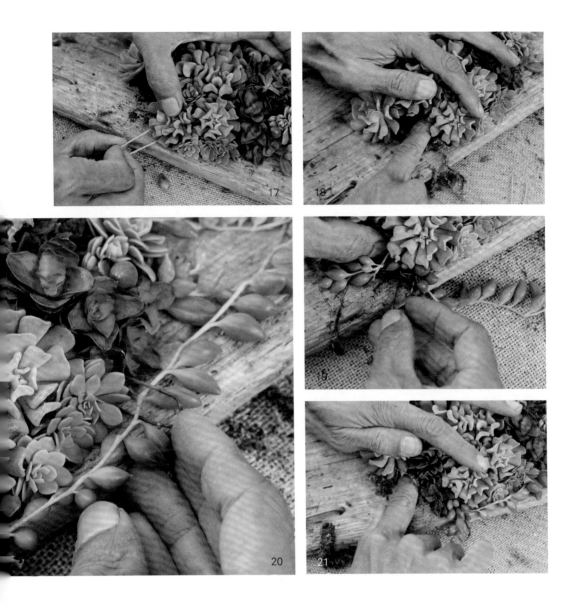

17. 上方再植入一朵特叶玉蝶做收边，以 U 形钉扣住下叶。

18. 将水苔压实再以 U 形钉固定。

19. 将玄月锦根部藏在特叶玉蝶下叶里。

20. 若玄月锦太长，可于中段以 U 形钉扣住茎部，将 U 形钉藏进玫瑰景天下叶中。

21. 上方再植入花簪。

22. 再植入一棵特叶玉蝶，记得结实将水苔往下压以加强固定。

23. 以花簪做收边。

24. 右上方由左而右植入火祭，以 U 形钉做固定，再加少许水苔做收边。

25. 加少量玫瑰景大作跳色，两朵特叶玉蝶间再植入一朵火祭让色彩更为突显。

26. 以花簪做收边。

FINISH

带着历经岁月洗礼
的斑驳木板注入了新的
能量，有了崭新的诠释。

TIPS

照顾方式

置于南朝向阳日照充足处，水分以一次将介质浇湿，或等介质
干了再浇水，也可采用喷湿植物或介质表面的少量多次浇水方式。

15 团结

积沙成塔，聚木成筏，一根根木条的结合，
展现出团结的力量，造就出不平凡的美。

设计理念

此作品为壁挂式立面作品，随性的结合木条，再以超五
雄缟瓣的白粉与上色后的木头相呼应。巧妙地运用对比
与重复，让粉红色的超五雄缟瓣在木头间做跳色以突显
视觉效果。

盆器	多肉植物	工具
树枝连接而成的拼面	超五雄缟瓣、红椒草、银箭、吹雪之松、雷童、绿万年草、翡翠玉串、黄丽、秋丽、母子莲	剪刀、尖嘴钳、破坏剪、十字刀、铁丝#18、#20、螺丝、水苔

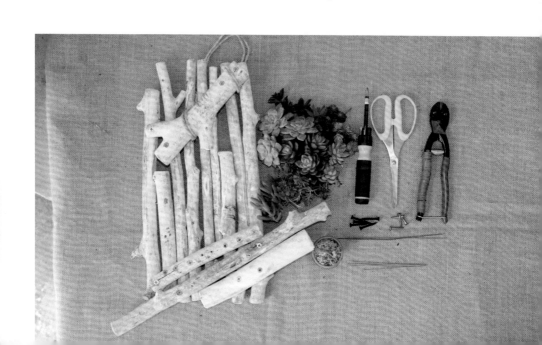

步骤示范

1. 将超五雄缟瓣茎部靠在下方的树枝，茎部加少许水苔压实，再以 U 形钉固定。

2. 在上方树枝锁上一根螺丝。

3. 另一朵面朝上方，茎部靠在螺丝上，以细铁丝将茎部与螺丝绑紧，下方空隙再填上水苔压实，以 U 形钉固定。

4. 右方贴着树枝植入雷童，以 U 形钉先将茎部固定在压实的水苔上。

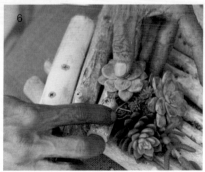

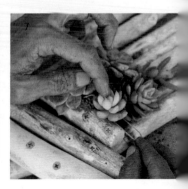

134

17 飨宴

端上桌的是一份多肉飨宴，亦或是一份心灵飨宴，多肉丰富了桌面，也丰富了心灵层面。

设计理念

此为平面式直立作品。迷你的小折叠桌就以小比例的星影、虹之玉、毛海星等多肉植物营造出作品的细致度，也点出颜色变化。主体不宜过大，以免作品有头重脚轻的不平衡感。

盆器	多肉植物	工具
实木折叠桌	雪娟、星影、黄金万年草、毛海星、火祭、虹之玉	剪刀、尖嘴钳、破坏剪、十字刀、铁丝#18、#20、螺丝、水苔

1

2

3

4

5

6

步骤示范

1. 于小木桌中间位置锁上两根螺丝，螺丝间留些许空隙。

2. 将最大的星影脱盆去土，留下约螺丝高度的土球，将土球卡进预留的空隙中。

3. 再以细铁丝将螺丝与星影的土球一起绑牢，一米做好第一个与木板桌面的连接点，二来让折叠桌面不至于分开。

4. 再以少量水苔包覆土球与螺丝，压实再以 U 形钉将水苔固定。

5. 植入另一棵星影，先以 U 形钉固定，下方再补水苔压实。

6. 在第二棵星影茎部旁锁上一根螺丝制造第二个连接点。

7. 再以一支 U 形钉扣住螺丝，串起第一与第二连接点，让连接点由点变成线。

8. 植入第三棵星影，注意莲座朝向及高低，让其有弧度的往桌面顺下来，接着以 U 形钉固定茎部。

9. 下方补入水苔压实，再以 U 形钉固定。

10. 两朵星影间再植入一棵星影，若茎部较短，可用 U 形钉扣住下叶再轻推。

11. 下方与桌面间空隙植入虹之玉，再以 U 形钉固定茎部。

7

8

9

10

11

12

13

12. 虹之玉旁往右依序植入三棵雪娟。

13. 上方两朵星影间植入虹之玉，以 U 形钉固定后加水苔压实，下方再以黄金万年草做收边。

14. 接着锁上一根螺丝制造第三个连接点，再以两支较长的 U 形钉扣仕螺丝。一支往第二连接点方向固定，一支往第一连接点方向固定，让连接点形成一个面。

15. 植入虹之玉以加重红色系，下方再以黄金万年草做收边。

16. 以 U 形钉扣住毛海星下叶轻推固定。

14

15

16

17. 毛海星旁植入火祭的小芽，以 U 形钉扣住下叶并将其藏在下叶里。

18. 再植入毛海星，以 U 形钉固定后加水苔压实。

19. 细小的素材可将作品的细致度表现得淋漓尽致，但需要耐心将一棵棵小多肉依序固定牢靠。

20. 毛海星旁植入一小撮黄金万年草作为跳色。

21. 剩下的空隙再以毛海星做收边。

FINISH

满满一桌细致的多肉，
让愉悦感填满了心灵。

照顾方式

置于南朝向阳日照充足处，水分以一次将介
质浇到湿透，待介质干了再浇一次的方式，或只
喷湿植物、介质表面，采用少量多次浇水的方式。

18 珍藏

爱不释手的宝贝，总有放手的时候。
封存的光芒，总有被开启时的大放异彩，
藏的是一份谦虚，放的是一份精彩。

设计理念

此作品为自由性立平面作品。拆礼物时的期待，见到礼物当下的惊喜，在打开盖子的一瞬间，愿望成真。种植在木箱上的多肉彷佛撒满一地的珍宝，带来满心欢喜。

盆器

实木木箱

多肉植物

黄金万年草、乙女心、秋丽、姬胧月、蕾丝姑娘、Tippy、白牡丹、婴儿景天、玫瑰景天、摩南景天

工具

剪刀、尖嘴钳、破坏剪、十字刀、铁丝#18、#20、螺丝、水苔

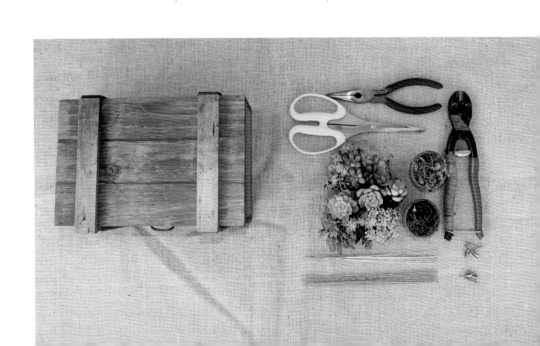

1. 实木的木箱里里外外都是发挥想象力的画布，此作品将植物种在内盖面上，在预设放置主角的位置锁上两根螺丝，中间留少许空隙。

2. Tippy 脱盆去土留下少许土球，将土球卡进预留的空隙间，再以细铁丝将螺丝与土球绑牢。

3. 加少许水苔覆盖土球，压实后以 U 形钉固定。

4. 上方植入黄金万年草，先以 U 形钉固定茎部，再加水苔压实。

5. 黄金万年草下方植入白牡丹。

6. 在白牡丹茎部旁锁上一根螺丝，下方空隙再填补水苔。接着以一支 U 形钉扣住螺丝，往第一个连接点固定。

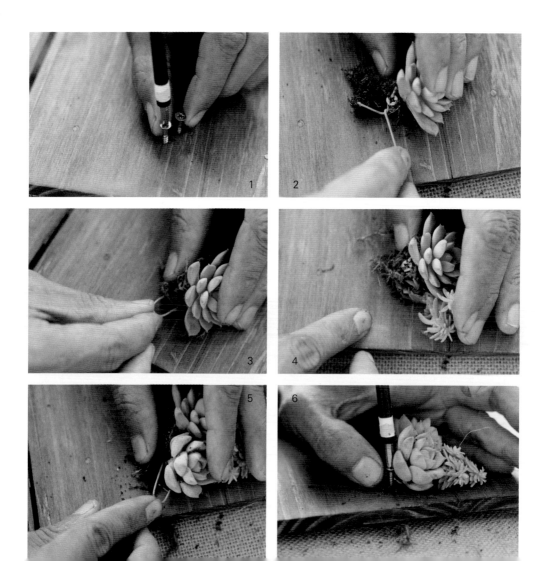

7. 一旁以摩南景天做收边。

8.Tippy 与白牡丹间植入黄金万年草作为跳色。

9. 再以三角种法在 Tippy 与白牡丹间植入一棵白牡丹。

10. 以 U 形钉扣住白牡丹茎部，往第一个连接点方向固定。

7

8

9

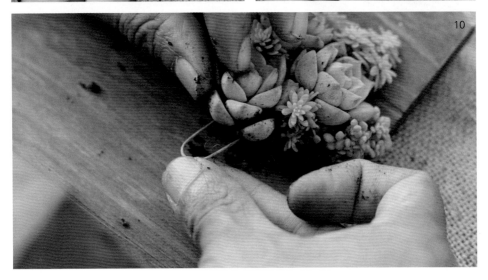

10

11. 白牡丹茎部下方锁上一根螺丝，再以两支 U 形钉扣住螺丝。

12. 一旁以摩南景天做收边。

13. 摩南景天下方植入两朵蕾丝姑娘小苗。

14. 白牡丹与蕾丝姑娘间空隙植入姬胧月作为跳色。

15. 下方再植入少许玫瑰景天，以 U 形钉扣住茎部，再加水苔压实。

16. 再锁上一根螺丝加强固定。

17. 取两支 U 形钉，一支往第三连接点固定，另一支往第一连接点固定。

18. 下方再以黄金万年草固定。以 U 形钉扣住茎部做固定，加水苔压实。

19. 再植入一棵秋丽，以 U 形钉固定茎部，再加水苔压实。

20. 白牡丹与秋丽间植入乙女心。 先以 U 形钉扣住茎部，再加水苔压实。

21. 乙女心上方补些黄金万年草以加重黄色系区域，下方以黄金万年草做收边。

22. 黄金万年草下方植入玫瑰景天，以 U 形钉固定茎部，加水苔压实。

23. 下方黄金万年草旁植入较小朵的乙女心做收边，以 U 形钉扣住下叶并将其藏于下叶中。

24. 上方以婴儿景天做收边，取 U 形钉扣住茎部做固定。

25. 再植入一棵较高的婴儿景天以加重分量，接着以 U 形钉固定后加水苔压实。

26. 以驯鹿水苔做收边，运用驯鹿水苔作为跳色，利用不同材质的元素让作品更为活泼。

27. 取棵具线条感的姬胧月将茎底部藏在驯鹿水苔中，并以 U 形钉固定。

28. 再取另一棵略矮但具线条感的姬胧月将其茎部藏于驯鹿水苔中，并以 U 形钉固定。

FINISH

要珍藏的宝贝也
能有个生机盎然的家。
收藏的不仅是一颗诚
挚的心，也蕴藏了一
股生命能量。

TIPS　　照顾方式

　　置于南朝向阳日照充足处，水分补充采用一
次将介质浇湿，或少量多次的浇水方式。

19 怀旧

老支线的火车汽笛声，越来越难以听闻。
拆下的枕木，带着一份任重道远的情怀，
承载的是昔日繁荣，诉说的是今日苍凉。

设计理念

此作品为直立式平面作品。利用老桩秋丽往下延伸的姿态，
加上枕木带出的老旧感，配合魅月的大气及生机盎然的姿
态，老旧注入新意，相互衬托出各自的意义。

盆器

一段枕木

多肉植物

老桩秋丽、魅月、火
祭、火祭锦

工具

剪刀、尖嘴钳、破坏
剪、十字刀、铁丝
#18、#20、螺丝、水
苔

1. 将老桩的秋丽其土球置于直立枕木上端,让茎部沿着枕木侧面自然下垂。

2. 取一根较长的螺丝直接穿过秋丽的土球锁在枕木上。

3. 土球右侧再锁上一根螺丝,接着取一根 #20 号铁丝扣住两根螺丝绑紧,将土球牢牢压在枕木上。

4. 侧面茎部纠结处锁上一根深色螺丝,以加强支撑秋丽的重量,而深色螺丝也较容易融入枕木而被隐藏。

5. 再以咖啡色铁丝将茎部与螺丝绑牢，待秋丽的不定根附着于枕木上就会更加牢固。

6. 土球左方植入 3 ~ 4 朵火祭，以火祭掩盖住土球。

7. 先以 U 形钉扣住茎部，一棵固定好后再固定下一棵。

8. 土球后方锁上一根螺丝，螺丝与土球间预留魅月茎部大小的空隙。

9. 将魅月根系卡进预留空隙中，再以一根铁丝将魅月茎部与螺丝绑牢。

10. 魅月茎部再以水苔覆盖压实固定。

11. 土球正上方植入一棵魅月，先用 U 形钉扣住茎部再固定于土球上。

12. 魅月茎部旁再锁上一根螺丝，接着以 U 形钉扣住螺丝往土球固定。

13. 覆盖水苔后压实，再以 U 形钉固定。

14. 下方再植入一棵魅月做收边，因枕木较大，使用的植栽都较有分量，下方就不以细碎的草类做填补，以营造粗犷不羁的感觉。

15. 以较粗的 U 形钉扣住茎部，往土球方向做固定。

16. 下方补上水苔压实，再以 U 形钉固定。由于此作品用的是绿色水苔，所以就算水苔外露也无所谓。

17. 再以老桩多头的火祭锦做收边，让长得较长的茎部沿枕木往下延伸。

18. 以 U 形钉扣住茎部固定于土球上，加少许水苔压实，再以 U 形钉固定。

19. 再以一棵较矮的火祭锦盖住前一棵火祭茎部，以 U 形钉固定后加水苔压实。

20.右方魅月旁植入一棵较矮的火祭锦，先以 U 形钉做固定，再加水苔压实。

21.剩下的空隙以火祭锦做收尾，不好固定时可用 U 形钉扣住下叶，轻推将 U 形钉藏在下叶中。

22.最下方的秋丽若茎部离枕木过远，可锁一根深色螺丝固定，且茎部靠着枕木也较容易长出不定根。

FINISH

一种粗犷不羁又带
新生感的枕木作品完成。

TIPS 照顾方式

置于南朝向阳日照充足处，水分以一次将介质浇湿，
或等介质干了再浇水，也可采取少量多次的浇水方式。

20 捎息

投递的是平安与祝福，
捎来的是远方的思念，
收到的问候同样万般欢欣。

设计理念

此作品为壁挂式立面作品。信箱上了偏粉色系的漆，以橙江的粉色系来与信箱色彩相呼应，再以黄绿色系衬托出橙江的美。

盆器

实木信箱

多肉植物

橙江、姬秋丽、黄金万年草、黄丽、金色光辉、波尼亚、姬胧月、薄雪万年草、玫瑰景天

工具

剪刀、尖嘴钳、破坏剪、十字刀、铁丝#18、#20、螺丝、水苔

1. 最大朵的主角橙江脱盆去土留少许土球，莲座面朝上置于想要放置的位置。

2. 橙江茎部两侧各锁上一根螺丝，并以螺丝将茎部卡住。

3. 再取一根铁丝将螺丝与茎部绑牢，也可只扣住两根螺丝的螺帽，将茎部卡在螺帽与木板间。

4. 土球上再覆盖水苔，压实后以U形钉固定，将第一连接点固定。

5. 橙江右下方植入波尼亚，若带土团，则以U形钉固定。

6. 下方再植入另一棵橙江，以较粗的#18号U形钉先行扣住茎部做固定。

7. 下方再填入水苔压实，并以U形钉固定。靠茎部的位置再锁上一根螺丝，制造第二连接点。

8. 以U形钉扣住螺丝往第一朵大橙江方向固定，下方再补水苔压实。

9. 波尼亚下方植入金色光辉,并以 U 形钉固定,加水苔压实。

10 金色光辉下方再植入姬胧月,先以 U 形钉做固定,两侧各植入玫瑰景天,并以 U 形钉固定。

11. 下方再锁上一根螺丝以制造第三个连接点,补水苔压实后以 U 形钉固定。之后取一支 U 形钉往第一个连接点固定,另一支往第二个连接点固定。

12. 下方植入姬胧月后以 U 形钉固定茎部,加水苔压实后再以 U 形钉固定水苔。

13. 取黄金万年草做收边。

14. 往左方做收边,先植入姬秋丽,并以 U 形钉固定,加水苔压实。

15. 将薄雪万年草茎部抓成一小束后再以 U 形钉固定。

16. 橙江下方先植入玫瑰景天，再以 U 形钉固定，接着加水苔压实。

17. 再补上一棵姬胧月，先以 U 形钉固定，再加水苔压实。

18. 角落空隙以带土团的黄金万年草做收边。

19. 转到右侧，若主体比较工整而显得死板时，植入一棵铰高的姬秋丽，可将茎部藏在黄金万年草里，并以 U 形钉做固定。

20. 姬秋丽上方再补大银明色的小芽，接着以 U 形钉扣住下叶做固定，再取黄丽将下叶拔掉留较长茎部，然后藏于姬胧月后方空隙。最后以 U 形钉做固定，让黄丽的莲座跳出工整的主体。

FINISH

怀着忐忑心情，等待远方捎来的信息，期待一切的美好，随充满暖意的祝福而来。

**TIPS**

照顾方式

置于南朝向阳日照充足处，水分以一次将介质浇到湿透，或采用少量多次的浇水方式。

21 引导

人生道路上，怕的不是迷途，
而是失去方向，有了目标，就无须彷徨歧路。

设计理念

此作品为直立式立面作品，指示牌上欢乐女王的多肉区域，
与下方樱月的多肉区域相呼应，这也让单调的指示牌多了
一份生气与活力。

盆器

实木指示牌

多肉植物

黄金万年草、玄月锦、
樱月、红旭鹤、紫式
部、欢乐女王、白姬
之舞、猿恋苇

工具

剪刀、尖嘴钳、破坏
剪、十字刀、铁丝
#18、#20、螺丝、水
苔

181

步骤示范

1. 在大块指示板平面处锁上两根螺丝（螺丝间要预留空隙）。

2. 欢乐女王脱盆后保留少许土团，将其卡进预留的空隙间，再以细铁丝将螺丝与土团绑紧。

3. 加水苔覆盖土团后压实，再以 U 形钉固定，将第一连接点固牢。

4. 下方再植入一棵欢乐女王，根部靠在压实的水苔上，并以 U 形钉扣住茎部固定。

5. 根部覆盖水苔后压实，再以 U 形钉固定。

6. 茎部旁锁上一根螺丝，制造第二个连接点，再以 U 形钉扣住螺丝往第一连接点固定。

7. 植入第三棵欢乐女王，可将 U 形钉藏在下叶里，一支往第一连接点固定，另一支往第二连接点固定，下方空隙再补水苔填缝。

8. 下方两棵欢乐女王间植入紫式部，以 U 形钉扣住茎部做固定，再加水苔压实，以 U 形钉固定。

9. 植入一条较长的玄月锦并让其枝条自然下垂，接着以 U 形钉固定其茎部。

10. 再锁上一支 U 形钉以制造第三个连接点，用两支 U 形钉扣住螺丝，一支往第一连接点固定，另一支往第二连接点固定。

11. 加水苔压实，再以 U 形钉固定。

12. 植入黄金万年草盖住螺丝，以 U 形钉固定茎部做收边，上方植入白姬之舞，并以 U 形钉固定。

13. 再植入两棵白姬之舞，并以 U 形钉由下往上——固定茎部，上方靠木板处再植入红旭鹤。

14. 以 U 形钉固定茎部，加水苔压实后再以 U 形钉固定。

15. 植入白姬之舞后以 U 形钉固定，再加水苔压实。

16. 以黄金万年草做收边。

17. 转至右方，上方先植入具线条感的猿恋苇。

18. 最后以黄金万年草做收边，上半部分完成。

19. 移到基部，在柱子前先锁上一根螺丝，螺丝与柱子间要留空隙。

20. 将最高的白姬之舞茎部置于空隙中，加水苔压实后以 U 形钉固定，再取一根细铁丝绑住水苔与螺丝，切记铁丝勿外露。

21. 左侧再植入一棵较矮的白姬之舞，以 U 形钉固定后加水苔压实。再于最高的白姬之舞前锁上一根螺丝，与水苔间要保留空隙。

16

17

18

20

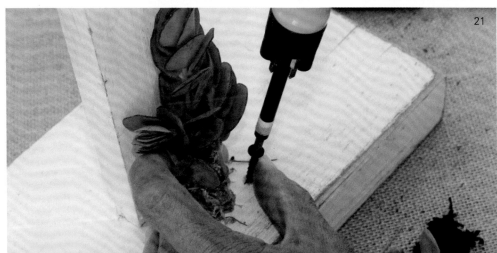

21

22. 樱月脱盆去土留少许土球后置于预留的空隙中，以 U 形钉扣住螺丝固定后加水苔压实，再以 U 形钉固定。

23. 左方再植入一棵樱月，先以 U 形钉固定茎部，再加水苔压实。

24. 两朵樱月间植入一棵较矮的白姬之舞，并于前方植入一棵樱月。皆先以 U 形钉扣住茎部，固定好后加水苔压实。

接着于左侧樱月下方植入一棵略高的白姬之舞，于右方樱月后方植入两棵白姬之舞，此时要留意白姬之舞的高矮层次。

25. 右方白姬之舞下方先植入玄月锦，再以黄金万年草做收边。

26. 左方同样先植入玄月锦，并以 U 形钉固定，剩下空间再以黄金万年草收尾。

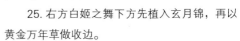

FINISH

不论顺着指示引导，
还是背道而驰，都能到达
心之所向的目的地。

22 满溢

心框里，幸福与快乐一点一滴交织堆栈着，
如同框里的多肉，灿烂美丽地占据整个框架，
满溢着璀璨。

设计理念

此作品为直立式立面作品。种类多样的五颜六色的多肉植
物，将小相框装点得色彩缤纷，表现出丰美满盈之感。

盆器	多肉植物	工具
实木相框	蔓莲、波尼亚、翡翠玉串、红旭鹤、黄金万年草、乙女心、黄丽、粉红佳人、大耳坠、火祭、玫瑰景天、姬胧月	剪刀、尖嘴钳、破坏剪、扦子、铁丝#18、#20、螺丝、水苔

步骤示范

1. 先将一小撮波尼亚植在角落，于内侧边框锁一根螺丝，将波尼亚茎部压在底板上。

2. 螺丝上方植入一棵大耳坠，并以 U 形钉固定茎部，扣住螺丝。

3. 上方再植入一棵大耳坠并以 U 形钉固定，再加水苔压实。

4. 边框的大耳坠旁植入粉红佳人，以 U 形钉扣住茎部。

6

7

5. 下方再加水苔压实，以 U 形钉将水苔固定，由于有边框可依靠，因此水苔尽量往边框压实。

6. 粉红佳人与边框间的空隙植入姬胧月。将茎部藏在内框里以 U 形钉固定，并让莲座延伸出框外。

7. 茎部覆盖水苔后压实，再以 U 形钉固定水苔。

8. 角落植入波尼亚后以 U 形钉固定茎部，再加水苔压实后以 U 形钉固定。

9. 再植入第二棵姬胧月后以 U 形钉固定茎部，接着加水苔压实。

8

9

10. 上方植入黄金万年草，以 U 形钉固定茎部、土团后加水苔压实。

11. 于边框内侧锁上一根螺丝，使压实的水苔结实固定。

12. 螺丝上方植入蔓莲，以 U 形钉固定后加水苔压实。

13. 再于右方植入大耳坠，并以 U 形钉固定，加水苔压实。

14. 右侧边框植入乙女心，先以 U 形钉固定，再加水苔压实。

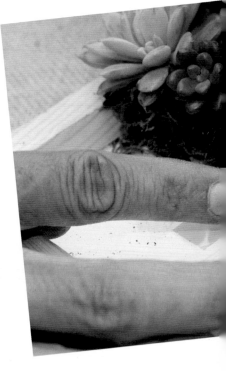

192

15. 中间位置植入最大朵的红旭鹤，以 U 形钉扣住茎部或土团，先行固定。

16. 右方与乙女心间的空隙补上波尼亚，一旁再植入黄金万年草。

17. 黄金万年草上方边框内侧再锁上一根螺丝，以 U 形钉扣住螺丝做固定。

18. 螺丝上方植入黄丽，先以 U 形钉扣住茎部或土团做固定，再加水苔压实。

19. 左侧红旭鹤与蔓莲间的空隙植入波尼业。

20. 再植入两朵较小的蔓莲。

21. 取两支从蔓莲到侧边框长度的U形钉，各往上下边框方向做固定。

22. 蔓莲旁植入翡翠玉串。

23. 翡翠玉串茎部旁再以一根螺丝斜斜锁在侧边框，以压住翡翠玉串。

24. 再以长U形钉扣住螺丝做固定。

25. 翡翠玉串侧边植入黄金万年草，角落植入玫瑰景天，以U形钉固定后，再以一支较长的U形钉以45度角平向做固定。

26. 植入大耳坠，以 U 形钉固定茎部后加入波尼亚。

27. 右侧再植入蔓莲，以 U 形钉固定茎部后加水苔压实。

28. 红旭鹤旁植入黄金万年草，再取一支较长的 U 形钉以 45 度角往完成的主体方向加强固定。

29. 植入火祭。

30. 下方再植入一棵黄丽，并以 U 形钉固定茎部，加水苔压实。

21. 两朵黄丽旁植入黄金万年草。

32. 剩余的空隙以波尼亚做收尾。

FINISH

满到爆框的多肉彷
佛幸福洋溢般，让快乐
与甜蜜填满心中。

TIPS

照顾方式

置于南朝向阳日照充足处，水分以一次将
介质浇到湿透，或等介质干了再一次把植物体
浇到湿透，也可采用少量多次的浇水方式。

23 幸福

幸福洋溢的表情，在收到捧花那一瞬间，表露无遗。
就让这满满的幸福延续，无时不记起那瞬间的感动。

设计理念

此作品为捧花作品。运用剪下的树枝做出叉形支撑，就能
让多肉植物在上头长久生长。此作品可说是一把捧花，而
不是绑一束捧花噢！

盆器	多肉植物	工具
三根"仆"字形的树枝，以铁丝绑紧后再以电线胶带缠紧。	百万心、月兔耳、千兔耳、玉蝶、琴爪菊、波尼亚、松萝	剪刀、尖嘴钳、破坏剪、铁丝 #18、#20、#22

1. 百万心脱盆后先将植株的土球拆成两部分。

2. 将土球以 45 度角卡进树枝所构成的 V 形分枝间，接着以细铁丝缠绕，将土球绑在上面。

3. 将玉蝶茎部以 U 形钉固定在土团上，接着加水苔压实，再以 U 形钉固定。

4. 右侧同样以 U 形钉固定玉蝶茎部，加水苔压实后以 U 形钉固定水苔。

5. 中间植入月兔耳，同样以 U 形钉往下固定在百万心土团上，接着加水苔压实后以 U 形钉固定。

POINT

图上是以植物原本带的介质当作中心的填充介质，所以没看到补水苔动作，实际操作时若无土团当介质，"加水苔压实再固定"的基本固定动作要牢记。

6. 月兔耳后方再加一棵较矮的月兔耳，先以 U 形钉固定后再加水苔压实，并以 U 形钉固定。

7. 左方再植入千兔耳，以 U 形钉固定茎部后加水苔压实，再以 U 形钉固定。

8. 下方再植入千兔耳后以 U 形钉固定茎部。

9. 在中间位置植入一棵玉蝶，此时所挑的莲座形植物尽量选茎部较长的，会比较容易固定。

10. 往右侧最高的月兔耳与玉蝶间植入千兔耳。

11. 此时水苔或介质已有一定的分量，用铁丝圈住整个介质。

12. 再以 U 形钉由外往内将介质固定，若土团外露，以水苔覆盖压实。

13. 右侧再植入玉蝶，调整玉蝶朝向使其呈现弧面，接着以 U 形钉固定茎部，加水苔压实。

14. 往左植入月兔耳，以 U 形钉固定茎部后加水苔压实，接着于玉蝶与月兔耳间的缝隙补上细长的琴爪菊营造线条感。

15. 月兔耳右方植入玉蝶，接着以 U 形钉固定后加水苔压实。

16. 往左再植入月兔耳，并以 U 形钉扣住茎部，加水苔压实。

17. 再以 #20 号铁丝横向圈住整个水苔绑牢固定，并以尖嘴钳结实旋紧。

18. 再用一根铁丝纵向穿过水苔，并以尖嘴钳旋紧。

19. 以波尼亚填补空隙后加 U 形钉固定茎部，并加水苔压实固定。

20. 转至左方，同样以波尼亚填补空隙，并以U形钉固定茎部。

21. 以水苔覆盖外露介质，压实后以U形钉固定。

22. 最后以松萝覆盖水苔，并以U形钉固定。

23. 转圈缠绕直到盖住胶带。

FINISH

握在手上的幸福
既梦幻且真实，传递
的是满满的祝福，捧
着的是满满的幸福。

TIPS
照顾方式

置于南朝向阳日照充足处，可一次将介质
浇到湿透，或采用少量多次的浇水方式。

24 希望

一个遮风避雨的地方，一处坚实的避风港，
这也是一个成就未来的开端，孕育希望的摇篮。

设计理念

此作品为吊挂式立面作品。在欧洲园艺杂志里经常可见屋
顶长满青苔植被的房子，就让我们以缩小的鸟屋成就那一
份大自然的雕塑，完成一个自然的梦。

盆器	多肉植物	工具
实木鸟屋	纽伦堡珍珠、春萌、火祭、薄雪万年草、秋丽、黄丽、照波、母子莲、银箭、荒波、龙血、绿万年草、波尼亚	剪刀、尖嘴钳、破坏剪、十字刀、铁丝#18、#20、螺丝、水苔

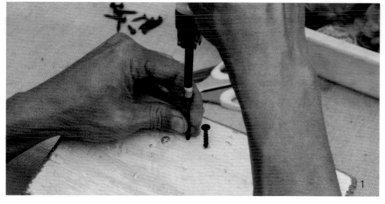

1

2

3

1. 在屋顶中央靠近屋脊处锁上两根螺丝，螺丝间留些许空隙，制造第一个连接点。

2. 纽伦堡珍珠脱盆去土，将茎部卡进预留的螺丝间，再以铁丝将螺丝与茎部绑牢。

3. 螺丝周围以水苔覆盖，压实后以 U 形钉固定，将第一个连接点固定牢靠。

4. 薄雪万年草茎部植于纽伦堡珍珠后方，让其往另一边屋顶延伸，并以 U 形钉固定茎部。

5. 再植入一棵秋丽，以 U 形钉扣住茎部后加水苔压实，再以 U 形钉固定。

6. 锁上一根螺丝制造第二个连接点，接着以 U 形钉扣住螺丝往第一连接点方向固定。

4   5

7. 纽伦堡珍珠与秋丽间植入绿万年草，先行以 U 形钉固定后加水苔压实，再以 U 形钉固定。下方锁一根螺丝制造第三个连接点，与水苔间留些许空隙。

8. 将纽伦堡珍珠茎部卡进螺丝与水苔间预留的空隙，以螺丝支撑纽伦堡珍珠的重量。

9. 下方空隙补水苔压实后以 U 形钉固定，再以一支 U 形钉扣住螺丝往第一连接点固定，另一支 U 形钉扣住螺丝往第二连接点方向固定。

10. 纽伦堡珍珠上方以薄雪万年草做收边，将茎部卡进纽伦堡珍珠与屋顶面间的空隙，再以 U 形钉固定。

11. 下方植入荒波后以 U 形钉固定，加水苔压实后再以 U 形钉固定。

12. 考虑到荒波的重量，茎部旁再锁上一根短的螺丝，以加强支撑荒波的重量。

13. 以一支较长的 U 形钉扣住螺丝往第三连接点方向固定，确定将较有重量的植栽固定好。

14. 荒波下方以波尼亚做收边，将茎部抓成一束后以 U 形钉固定，再加水苔压实后以 U 形钉固定，两朵纽伦堡珍珠中间再补上一朵秋丽。

15. 根系旺盛的母子莲脱盆后留些许土团直接植入秋丽下方，并以较长的 U 形钉往上方固定。

16

17

16. 下方再锁一根短螺丝以支撑母子莲重量，补入一支 U 形钉扣住螺丝往上做固定。

17. 以少量波尼亚将螺丝包藏起来，取 U 形钉自侧边做固定收边。

18. 在母子莲左方加水苔压实后以 U 形钉固定。

19. 于中间秋丽下方锁进一根较短的螺丝，加强固定主体。

20. 同样于下方再锁入一根较短的螺丝。

18

19

20

21. 取两支U形钉，一支扣住上方螺丝往上做固定，另一支扣住下方螺丝往上做固定。

22. 秋丽旁植入绿万年草并以U形钉固定，加水苔压实后再以U形钉固定。

23. 由上往下植入两朵春萌，先以U形钉扣住茎部，再加水苔压实。

24. 下方靠近屋檐处以龙血做收边，接着以U形钉固定茎部后加水苔压实。

25. 上方纽伦堡珍珠旁以黄丽填补空隙，接着以U形钉固定茎部后加水苔压实。

26. 两朵春萌间锁上一根螺丝，再以一支较长的 U 形钉扣住螺丝后往右方固定。

27. 取一小株黄丽盖住螺丝，接着以 U 形钉固定茎部后加水苔压实。下方与屋顶间的空隙以薄雪万年草做收边。

28. 转到另外一面，先以 U 形钉扣住火祭茎部，接着固定在另一面的水苔上后加水苔压实，最后再于茎部旁锁上一根螺丝。

29. 同样先以 U 形钉固定另一棵火祭，并于茎部旁锁上一根螺丝，再以细铁丝将两棵火祭与螺丝绑牢。

30. 右方植入银箭并以 U 形钉扣住茎部固定。

31. 银箭茎部下方再锁上一根螺丝。

32. 以薄雪万年草盖住螺丝后于上方植入一棵荒波，接着以 U 形钉固定。

33. 转到左侧火祭下方植入照波。

34. 右方补上少许照波，剩余空间再以薄雪万年草做收边。

35. 屋脊处可植入春萌做些许变化，最后将春萌茎部藏进银箭下方再以 U 形钉扣住下叶做固定。

30

31

32

33

34

35

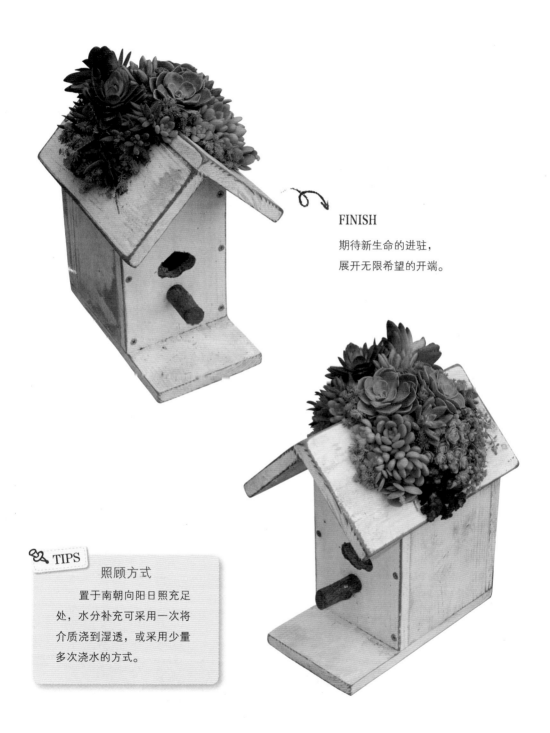

FINISH

期待新生命的进驻，
展开无限希望的开端。

TIPS

照顾方式

置于南朝向阳日照充足
处，水分补充可采用一次将
介质浇到湿透，或采用少量
多次浇水的方式。

25 丰收

悉心栽种、浇灌下，
期待瓜瓞绵绵的丰收喜悦。

设计理念

此作品为直立平放式立面作品。干燥后的瓠瓜瓜皮坚硬，植入亮黄色的黄丽与粉红色的秋丽，赋予干燥瓠瓜一个新气象。

盆器	多肉植物	工具
干燥的瓠瓜	秋丽、黄丽、十锦吊、波尼亚、黄金万年草、玫瑰景天、薄雪万年草	剪刀、尖嘴钳、破坏剪、十字刀、铁丝 #18、#20、螺丝、水苔

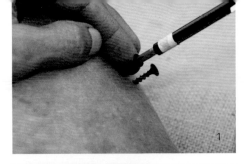

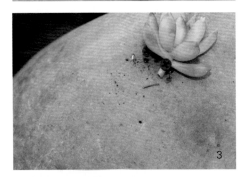

1. 在瓠瓜的瓜皮锁上两根螺丝。

2. 将黄丽茎部置于预留的螺丝空隙，再以细铁丝将茎部绑在螺丝上。

3. 将铁丝旋紧。

4. 茎部加水苔覆盖，压实后以 U 形钉固定。

5. 取一株较高的千兔耳将其茎部卡进螺丝空隙中，接着以 U 形钉固定后加水苔压实；右方则植入一株较矮的千兔耳，并以 U 形钉固定。

6. 再植入一棵黄丽。

7. 黄丽与瓠瓜间的空隙补上波尼亚做收边。

8. 两朵黄丽间植入一朵秋丽，再取一小束黄金万年草固定在秋丽上方。

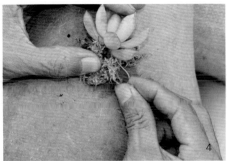

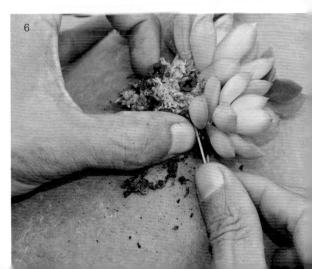

9. 左方植入一株玫瑰景天。

10. 右方波尼亚到左方玫瑰景天间空隙补上水苔压实。

11. 黄丽茎部下方锁上一根螺丝，制造与瓠瓜间的第二个连接点，以一支较长的 U 形钉扣住螺丝，往第一连接点固定。

12. 植入黄金万年草，并以 U 形钉扣住茎部固定在水苔上。

13. 右方植入少许波尼亚做收边。

14. 再于波尼亚与黄金万年草下方植入一棵黄丽。

15. 以 U 形钉扣住黄丽茎部往上方固定，左手轻扶主体，右手在固定 U 形钉时会比较好施力。

16. 把水苔压实，右半部分大略完成。

17. 右侧黄丽下方植入颇具线条感的秋丽，接着将茎部藏于上方的秋丽与黄丽下。

18. 以 U 形钉扣住茎部后固定在水苔上。

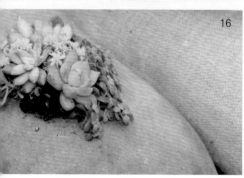

220

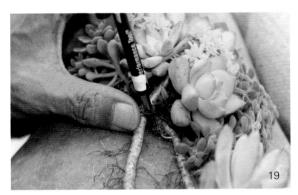

19

20

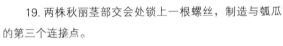

19. 两株秋丽茎部交会处锁上一根螺丝，制造与瓠瓜的第三个连接点。

20. 加水苔压实后以 U 形钉固定。

21. 取两支较长的 U 形钉扣住螺丝，一支往第一连接点方向做固定，另一支往第二连接点方向做固定。

22. 螺丝上方植入黄金万年草做覆盖，下方再植入秋丽。

23. 左上方植入黄丽后以 U 形钉扣住茎部，往中间水苔方向做固定。

24. 下方空隙再以水苔填补。

21

22

23

24

25. 植入秋丽后调整朝向，使其由平面往外延伸。

26. 秋丽下方植入薄雪万年草做收边。

27. 剩余空间以绿色水苔做收边，也可取薄雪万年草做收尾。

28. 将水苔压实后以 U 形钉做固定。

FINISH

饱满的瓠瓜加上
饱满的多肉，呈现出
结实累累的丰收喜悦。

TIPS

照顾方式

置于南朝向阳日照充足处，水分可一次补
足到介质湿透，或是采用少量多次的浇水方式。

26 欢乐

一个球，伴随着欢呼与快乐，
也包含着积极向前，想赢得胜利的斗志。

设计理念

此作品为悬挂式平面作品。运用细碎的小型景天与观音卷娟的细致形态做覆盖，使悬吊的竹藤球展现另一种样貌。

盆器

竹编藤球

多肉植物

观音卷娟、龙血、霜之朝、小酒窝、雨心

工具

剪刀、尖嘴钳、破坏剪、十字刀、铁丝#18、#20、螺丝、水苔

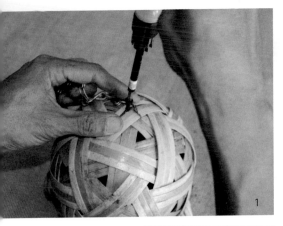

步骤示范

1. 先于藤球锁上两根螺丝，螺丝间留少许空隙，由于植株皆不是很大，所以选用较短小的即可。

2. 将观音卷娟的茎部卡进螺丝间预留的空隙，再用细铁丝将茎部与螺丝绑在一起。

3. 加少许水苔覆盖茎部与螺丝压实，再以 U 形钉将水苔固定。

4. 下方再锁上一根螺丝，与前一朵观音卷娟间留少许空隙。

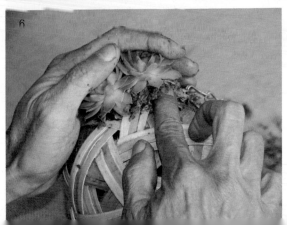

5. 将另一朵观音卷娟茎部卡进预留的空隙中，接着以 U 形钉扣住下叶做固定。

6. 下方茎部四周加水苔后压实，再以 U 形钉固定。

7. 两朵观音卷娟间植入龙血作为跳色，下方再植入小酒窝，调整小酒窝的细碎线条使其自然下垂。

8. 上方第一朵观音卷娟的茎部下方同样植入小酒窝，并以 U 形钉固定抓成小束的茎部做收边。

9. 左方再植入一棵观音卷娟，以 U 形钉扣住下叶做固定，下方再补水苔压实。

10. 另一侧，两朵观音卷娟间再植入另一朵观音卷娟。

11. 加几根小酒窝后再植入霜之朝。

12. 前方小酒窝位置，轻拨观音卷娟下叶，将龙血的茎部藏在下叶里。

13

14

15

16

17

13. 将一小撮带土团的小酒窝固定在龙血旁，同样地将小酒窝的土团藏于观音卷娟下叶里。

14. 再固定一小撮小酒窝，使其自然下垂。

15. 加水苔覆盖土团后压实。

16. 以雨心覆盖水苔做收边。

17. 植入龙血作为跳色，再取小酒窝覆盖 U 形钉。

18. 接着取带土团的小酒窝植于两朵观音卷娟间。

19. 以 U 形钉扣住茎部，将小酒窝结实固定。

20. 取少许龙血作为跳色，以 U 形钉扣住茎部后将其固定在观音卷娟下叶。

18

FINISH

　　细致的一个藤球，
带着雨心细致的小白花，
颇有一分春天的小清新。

TIPS

照顾方式

　　置于南朝向阳日照充足处，水分以一次将介
质浇到湿透，或采用少量多次的浇水方式。

27 包容

有容乃大，
敞开心胸，就能容得下更多的不可能，
造就无限大的新成就。

设计理念

此作品为壁挂式立面作品。利用实木的空洞将单一品系的
月兔耳植于树洞中，展现一种破木而出的生命力，也述说
一种包容的无限可能。

盆器	多肉植物	工具
中空的实木	宽叶黑兔耳、月兔耳	剪刀、尖嘴钳、破枝剪、十字刀、铁丝 #18、#20、螺丝、水苔

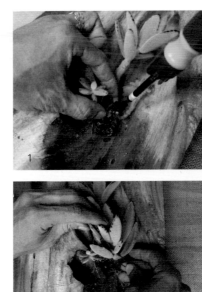

步骤示范

1. 上方树洞狭窄处植入老桩的宽叶黑兔耳，接着取两根螺丝锁在茎的左右两旁，将宽叶黑兔耳压在木板上固定，制造与木板间的第一个连接点。

2. 用水苔覆盖螺丝后压实，再以 U 形钉固定。

3. 下方植入一棵月兔耳，先以 U 形钉扣住茎部做固定，再加水苔压实。

4. 下方锁上一根螺丝，制造第二个连接点，接着取一支 U 形钉扣住螺丝，往第一连接点固定。

5. 左方再植入一棵月兔耳，先以 U 形钉扣住茎部做固定。

6. 加水苔覆盖茎部后压实，再取 U 形钉做固定。

232

7. 右侧再植入一棵月兔耳。

8. 加水苔压实后以 U 形钉将水苔固定好。

9. 下方再植入月兔耳，注意月兔耳的层次，并以 U 形钉扣住茎部做固定。

10. 加水苔压实后以 U 形钉固定。

11. 下方再次植入一棵月兔耳，并以 U 形钉扣住茎部将其固定。

12. 下方再锁上一根螺丝，制造第三个连接点。螺丝的功用不仅是制造连接点，也可支撑上方月兔耳的重量，以免因植物体太重而下滑。

13. 用水苔覆盖螺丝，压实后取两支较长的 U 形钉，一支扣住螺丝往第二连接点固定，另一支扣住螺丝往第一连接点固定。

POINT

水苔用的少，植物就会更服帖在木板上，彷佛植物是从木板上直接长出来般，且介质少一点可限制植物生长，让作品不易因植物生长过快而变形。

14. 下方再植入另一棵月兔耳，先以 U 形钉扣住茎部做固定，再加水苔压实。

15. 左方再植入一棵月兔耳，若因太高而影响层次，可剪除少许茎部。

16. 再以 U 形钉扣住茎部将其结实固定。

17. 加水苔压实后以 U 形钉固定，此时已接近完成阶段，可取一支较长的 U 形钉由下往上加强固定。

18. 左方沿着树洞弧度再植入一株较矮的月兔耳，并以 U 形钉扣住茎部固定。

19. 剩余的小空间同样以较小的月兔耳做收尾。

20. 若茎部过短，可用 U 形钉扣住下叶做固定。

FINISH

沿着树洞生长的
坚韧生命力，与木头
接纳植物的包容性，
简单却蕴含着深意。

TIPS

照顾方式

置于南朝向阳日照充足处，水分以一次将
介质浇到湿透，或采用少量多次的浇水方式。

28 知足

一箪食，一瓢饮，
只要知足，就能不改其乐。

设计理念

此作品为可平放的直立式作品，小巧的汤匙被小巧多品系的多肉小芽点缀，营造出细致与丰富感。

盆器	多肉植物	工具
木制或竹制的大汤匙	虹之玉、龙虾花、下蝶、东美人、白姬之舞、秋丽、大耳坠、姬胧月、加州夕阳、薄雪万年草	剪刀、尖嘴钳、破坏剪、十字刀、铁丝#18、#20、螺丝、水苔

1. 汤匙中央锁上两根螺丝，两根螺丝间留些许空隙。
2. 将玉蝶茎部卡进两根螺丝预留的空隙中。
3. 玉蝶茎部周围补上水苔，压实后再以 U 形钉固定，将第一连接点固定牢靠。
4. 右方再植入两棵秋丽，并以 U 形钉扣住茎部做固定。

POINT

水苔加一点点就足够，太多容易导致水苔球过大，确保压实以免不牢固而脱落。

5. 加入水苔压实后以 U 形钉固定。

6. 前方再植入虹之玉，以 U 形钉固定茎部后加水苔压实，再以 U 形钉固定。

7. 前方植入加州夕阳作为跳色，以 U 形钉扣住下叶和茎部做固定。

8. 加水苔压实后以 U 形钉固定。

9. 前方植入少量薄雪万年草，并以 U 形钉固定。

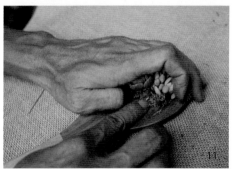

10. 右侧再植入一棵加州夕阳，以 U 形钉固定茎部后加水苔压实，接着锁上一根螺丝，制造与汤匙的第二个连接点。

11. 将下方水苔再次压实。

12. 前方以薄雪万年草做收边。

13. 往左再植入秋丽，先以 U 形钉扣住茎部，再加水苔压实。

14. 上方植入东美人后以 U 形钉固定。

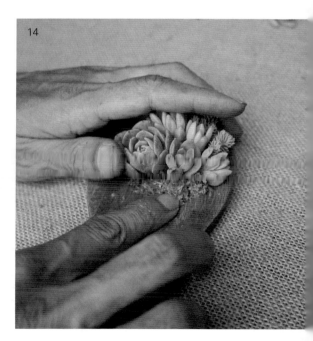

14

15. 再植入一棵较大的加州夕阳，并以 U 形钉固定茎部。

16. 加水苔压实后以 U 形钉固定，玉蝶与加州夕阳间的空隙补上薄雪万年草与加州夕阳。

17. 接着以 U 形钉固定后加水苔压实，然后锁上一根螺丝，制造与汤匙间的第三个连接点。

18. 上方植入白姬之舞后以 U 形钉固定，再加水苔压实。

19. 下方植入龙虾花后以 U 形钉固定，再补上一棵大耳坠。

20. 往下植入薄雪万年草后再补上一棵加州夕阳，并以 U 形钉扣住茎部做固定。

21. 中间玉蝶下方植入一棵加州夕阳，若无法施力可用尖嘴钳夹住 U 形钉轻推做固定。

22. 加水苔压实后以 U 形钉做固定，再以薄雪万年草做收边。

23. 植入两朵姬胧月后固定好剩下的空隙。

FINISH

一匙满溢丰富色彩的多肉，
是否有让您感到愉悦及满足呢?

TIPS

照顾方式

置于南朝向阳日照充足处，水分补充可采用
一次将介质浇到湿透，或是少量多次的浇水方式。

243

29 祝福

一种思念，一份企盼，
聚精会神地植在圈上，
传递真心祝福。

设计理念　此作品为壁挂式立面作品，现成的藤圈搭配上多肉植物，
一个雅致的祝福也能如此缤纷。

盆器	多肉植物	工具
藤圈	红旭鹤、橙江、大银明色、春萌、龙虾花、鸡爪癀、加州夕阳、蔓莲、火祭、薄雪万年草、雅乐之舞	剪刀、尖嘴钳、破坏剪、十字刀、铁丝#18、#20、螺丝、水苔

步骤示范

1. 在靠近藤圈内侧锁上两根螺丝，两根螺丝间留少许空隙。

2. 将红旭鹤茎部卡进两根螺丝间预留的空隙中。

3. 若茎部较短可先塞入水苔，在茎部与螺丝的缝隙中压实。

4. 取一根细铁丝将茎部与螺丝绑牢。

5. 轻压红旭鹤以尖嘴钳慢慢地卷牢，将第一个连接点固定牢靠。

6. 前方植入一棵火祭，先以 U 形钉扣住茎部。

7. 加水苔压实后以 U 形钉固定。

8. 左方同样植入一棵火祭，以 U 形钉固定茎部后加水苔覆盖茎部压实。

9. 火祭下方植入薄雪万年草，以 U 形钉固定后加水苔压实。

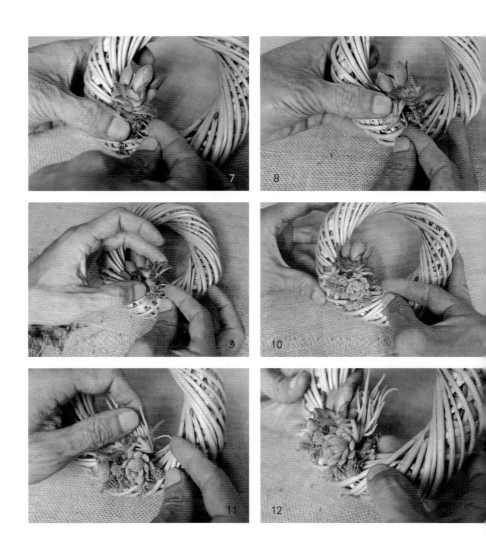

10. 在右侧植入蔓莲，先以 U 形钉固定，再加水苔压实。

11. 后方植入一棵鸡爪癀，并以 U 形钉固定。

12. 在茎部覆盖水苔后压实，若觉得不是很稳固，可再补上一根螺丝。

13. 转到背面，于靠近藤圈位置植入雅乐之舞，并以 U 形钉固定。

14. 加水苔覆盖茎部后压实，再以 U 形钉固定。

15. 转回正面，植入春萌后以 U 形钉固定，再加水苔压实。

16. 植入大银明色后以 U 形钉固定茎部，再加水苔覆盖茎部后压实。

17. 上方植入龙虾花后以 U 形钉固定。

18. 转到背面，再以 U 形钉将龙虾花固定一次。

19. 加水苔覆盖茎部后压实，再以 U 形钉固定水苔。

20. 将背面水苔压实后以 U 形钉固定。

FINISH

满怀着诚意，带着思念与祝福的迷你小藤圈完成了。

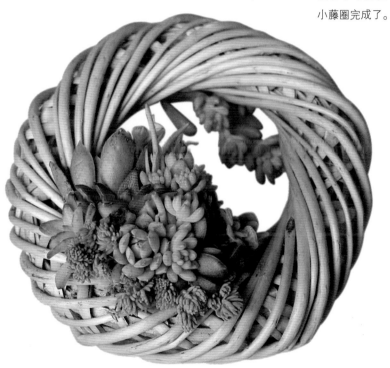

🐝 **TIPS**

照顾方式

置于南朝向阳日照充足处，水分以一次将介质浇到湿透，或是等介质干了再一次浇到湿透，也可采用少量多次的浇水方式。

Chapter **4**

多肉植物图鉴

红月法师
直立性丛生 / 小型种 / 胴切

翠绿色的叶片几乎不会变色，叶面带有光泽感。生长季节时生长快速且分枝性佳，容易形成丛生的茂盛植株。

红叶法师
直立性 / 中型种 / 胴切

叶缘具锯齿状毛边，生长季节若日照充足叶片会转为红色，出现褐色线条纹。

彼得潘
直立性 / 大型种 / 胴切

墨法师的缟斑品种，绿色缟斑不规则出现在叶片上，日照充足环境下颜色对比较为明显。

玛奇
丛生 / 小型种 / 胴切

翠绿色叶片布满绒毛且具黏着感。植株低矮，在生长季节容易长出侧芽形成丛生，温差大的季节叶面会出现褐色线条。

姬明镜
莲座 / 小型种 / 侧芽、胴切

外形与明镜相似，但整体植株属于小型景天，外观上布满绒毛。夏季生长停滞植株会萎缩、掉叶，避开强烈日照加强通风环境较易存活。

森圣塔
丛生 / 小型种 / 胴切

对生的绿色叶片具明显红边，叶片布满细小绒毛，生长快速容易形成丛生。外形可爱讨喜，春天会开出橘红色花朵。

银之铃
匍匐性丛生 / 小型种 / 胴切、扦插

银波锦属，颗粒状的叶片浑圆饱满，具明显叶尖，新叶颜色较为灰白，温差大的季节叶缘转红，容易生长侧芽形成丛生。

太阳星
直立性丛生 / 中型种 / 胴切、扦插

三角形的叶片狭长而厚实，叶片间距明显，叶片中心颜色较白，叶缘会呈现深橘红色。

爱星
直立性丛生 / 小型种 / 胴切、扦插

三角形的叶片浑圆饱满、叶缘较圆润，叶子中间颜色较白，日照充足环境下叶缘呈橘红色，生长较为缓慢。

数珠星
直立性丛生 / 小型种 / 胴切、扦插

又称烤肉串。三角形叶片较为短小、浑圆饱满，外观像是堆栈成串的珠子，日照充足与低温季节会出现明显的红边。

玉稚儿
直立性丛生 / 小型种 / 胴切、扦插

浑圆饱满的叶片相对而生，叶面布满白色绒毛，给予日照充足的环境植株生长紧密，可避免徒长，基部容易生长侧芽形成丛生。

毛海星
丛生 / 小型种 / 胴切、扦插

交迭生长的三角叶让植株看起来就像星星，叶面布满细毛，温差大的季节叶片会转为红色，植株生长非常紧密且容易生长侧芽形成丛生。

克拉夫
丛生 / 小型种 / 叶插、胴切、扦插

对生的叶片狭长而厚实，外观为红褐色，若日照充足会显得火红，生长较为缓慢，栽培上忌潮湿。

火星兔
丛生 / 小型种 / 胴切、扦插

青锁龙属。短小饱满的叶片有白色疣点，日照充足环境下叶尖会转红，生长季节在春、秋两季，栽培环境喜好干湿分明。

史瑞克锦
直立性 / 中型种 / 叶插、胴切、扦插

史瑞克的锦斑品种，黄色的锦斑不规则出现在叶面，栽培容易但生长速度较为缓慢。

红叶祭
丛生 / 中型种 / 侧芽、胴切

外观与火祭相似，植株体形较火祭小，叶片质感较为厚实且粗糙，深绿色的叶片在低温季节会转为红色。

月迫蔷薇
莲座群生 / 中型种 / 侧芽、胴切

细长的叶片具明显叶尖，植株呈浅蓝色，叶面布满白粉，喜日照充足环境。叶片生长紧密呈球状莲座，容易生长侧芽，可另行胴切繁殖。

雪雏
莲座群生 / 中型种 / 叶插、胴切

细长的叶片呈棒状，具明显叶尖，浅绿色的外观铺有白粉，在低温季节显得白里透红，容易生长侧芽形成群生状。

比安特
莲座 / 中型种 / 叶插、胴切、扦插

为黑爪的交配品种，又称雪爪。狭长的叶片具明显红色叶尖，植株外观铺有厚实白粉，日照充足环境下植株莲座更为紧密、饱满。

白色迷你马
莲座 / 小型种 / 叶插、胴切

外观与迷你马相似，植株铺有明显白粉。日照充足下叶缘红边与红尖更为突显，莲座生长紧密，栽培上要注意通风是否良好。

蓝色迷你马
莲座 / 小型种 / 叶插、胴切

叶面布满白粉，日照充足时蓝色的叶片具明显红边，植株成熟后容易生长侧芽，可另行胴切繁殖。

花乙女
莲座 / 小型种 / 侧芽、胴切

静夜与锦司晃的交配品种，饱满的叶片很有立体感，叶面布满绒毛，具明显红尖，夏日要避免强烈的日照直射。

青渚
莲座 / 中型种 / 胴切

青绿色的棒状叶布满明显绒毛，外观非常有特色。植株生长紧密，栽培上要注意是否有良好通风，避免长期潮湿、闷热的环境

卡萝
莲座 / 小型种 / 叶插、胴切

厚实的叶片紧密排列生长成扎实的莲座，叶面上布满粗糙颗粒，温差大的季节日照充足时植株会转为红色。

斯嘉丽
莲座 / 中型种 / 叶插、胴切

绿色的外观铺有白粉，叶子饱满且生长紧密、叶缘较尖，日照充足与温差大的季节叶缘呈橘红色，容易生长侧芽形成群生状。

棱镜
莲座 / 中型种 / 叶插、胴切

浅绿色的外观铺有白粉，叶片具明显红尖与棱纹，低温季节植株会透出粉红色。

莱姆辣椒
莲座 / 小型种 / 叶插、胴切

浅绿色的植株叶面布有白粉、叶面有轻微石化，紧密排列的叶片形成漂亮的莲座，日照充足下叶尖会转为红色，喜欢通风良好且干湿分明的环境。

克拉拉
莲座 / 中型种 / 叶插、胴切、扦插
淡绿色的叶片浑圆饱满，具明显的叶尖，温差大的季节植株会呈现粉橘色，日照充足环境下莲座生长较为紧密扎实。

红宝石
莲座群生 / 中型种 / 叶插、胴切
棒状的叶片浑圆饱满、具光泽感，绿色的外观有明显红边，日照充足下植株会转红，植株强健，容易生长侧芽形成群生状。

苯巴蒂斯
莲座 / 中型种 / 叶插、胴切、扦插
饱满的叶片紧密生长成扎实的莲座，叶尖在日照充足环境下呈红色，容易生长侧芽形成群生状，夏季要避免强烈日照直射。

纸风车
莲座 / 小型种 / 叶插、胴切、扦插
蓝绿色的叶片紧密生长成扎实的莲座，叶尖具明显红尖，温差大的季节植株外观呈粉红色。

菊日丽娜
莲座 / 小型种 / 叶插、胴切
菊日和与丽娜莲的交配品种。叶片紧密排列生长成紧密的莲座，细长的叶尖是一大特色，生长点的新叶更为明显，植株带有漂亮的粉紫色。

奥利维亚
莲座群生 / 中型种 / 叶插、胴切、扦插
绿色的叶片饱满而紧密生长，莲座显得低矮扎实，日照充足下叶缘转红，植株容易生长侧芽形成群生状。

蓝月
莲座 / 中型种 / 叶插、胴切、扦插
灰绿色的叶片具明显红尖，低温季节或日照充足叶缘会转红，植株容易生长侧芽形成群生状。

杨金
莲座群生 / 中型种 / 叶插、胴切
翠绿色的叶片具红边叶缘，紧密堆栈的叶片让莲座彷佛一朵花，低温季节日照充足下红边更为明显，甚至叶片出现红斑。

圣路易斯
莲座 / 中型种 / 叶插、胴切
有着深绿色的叶片，叶缘与叶背具不规则红边，低矮的莲座生长强健，适合叶插繁殖。冬季转为红色，夏季应避开强烈日照以免晒伤。

剑司诺瓦
莲座 / 中型种 / 叶插、胴切

菱形的叶片具明显红边与叶尖，灰绿色的外观铺有白粉，夏日要避免强烈的日光直射。

摩氏玉莲
莲座 / 中型种 / 胴切

肥厚的叶片具明显暗红色叶缘，叶面有特殊的光泽感，生长速度缓慢，叶插繁殖的出芽率不高。

万宝龙
莲座 / 中型种 / 叶插、胴切

叶片厚实，湖水绿的外观铺有厚实白粉，日照充足下叶尖会转红，叶面白粉更明显，生长强健容易栽培。

三色堇
莲座 / 中型种 / 叶插、胴切

湖水绿的狭长叶片紧密生长成漂亮的莲座，叶片较薄，日照充足下叶缘的白边更为明显，栽培尚须注意通风良好。

花和神
莲座 / 中型种 / 侧芽、胴切

叶片有厚实感、叶缘具红边，外观颜色较深绿，容易生长侧芽形成群生。

冰莓
莲座 / 中型种 / 叶插、胴切

蓝绿色的外观铺有白粉，轻薄的叶缘透着光，日照充足会出现红边，容易生长侧芽形成群生状。

织锦
莲座 / 小型种 / 叶插、胴切、扦插

蓝绿色的外观铺有白粉，叶片生长紧密，叶面有轻微石化现象，日照充足或低温季节，叶缘会呈现明显的红边。

猎户座
莲座 / 中型种 / 叶插、胴切

蓝绿色的叶片具有非常明显的红边，叶片紧密生长成漂亮的莲座，夏季栽培要避免潮湿、闷热的环境，注意通风是否良好。

绿花丽
莲座 / 中型种 / 叶插、胴切

又称布丁西施。翠绿的叶片与红色的叶缘形成强烈对比，植株低矮容易生长侧芽形成群生，夏季要避免强烈的日光直射。

革命
莲座 / 中型种 / 叶插、胴切
有特色的反叶,植株是淡淡的蓝紫色,
排列紧密的叶片生长成漂亮的莲座。

长手指
莲座 / 大型种 / 叶插、胴切
特叶玉蝶的园艺选拔品种,特色的反
叶较为细长,很容易区分其差异,生
长快速,植株强健容易栽培。

暗黑力量
莲座 / 中型种 / 叶插、胴切
特叶玉蝶的交配种,具特色的反叶,
叶面有光泽感,墨绿色的植株若日照
充足会显现红褐色,非常有特色的品
种。

达格达
莲座 / 中型种 / 叶插、胴切
特叶玉蝶的交配种,遗传了反叶的特
色,植株为翠绿色,生长强健容易栽
培,叶面布满细小的绒毛是最大特色。

粉红雪特
莲座 / 中型种 / 叶插、胴切
叶片有反叶的特色,叶面铺着厚实白
粉,植株强健容易栽培,叶插繁殖容
易出现缀化个体。

邱比特
莲座 / 中型种 / 叶插、胴切、扦插
外观有黛比特有的粉红色外观,叶片
具特色的反叶,呈棒状,生长强健,
但幼株成长较慢,叶形会因为季节而
有所变化。

粉雪
莲座 / 中型种 / 叶插、胴切
外形与玉蝶相似但叶形较为狭长,明
显的叶尖是一大特色,日照充足环境
下叶面呈粉红色,是带有优雅气质的
品种。

美国梦
莲座 / 中型种 / 叶插、胴切
叶片具锦斑与石化的特征,叶缘有不
规则的凹凸,是充满特色的品种。

露辛
莲座 / 中型种 / 叶插、胴切
蓝灰色的外观铺有白粉,叶缘具明显
棱纹,叶片紧密生长成漂亮的莲座,
温差大的季节若日照充足植株会透出
粉紫色。

樱雪
莲座 / 中型种 / 叶插、胴切

灰蓝色的外观，椭圆形的叶片中间有内凹棱线，植株外观铺有白粉。

蓝色惊喜
莲座 / 小型种 / 叶插、胴切

圆形的叶片呈现匙状，叶缘薄而透光，具明显叶尖，植株呈漂亮的蓝紫色，层叠生长的莲座就像一朵花。

晚霞之舞
莲座 / 中型种 / 叶插、胴切

叶缘有明显的波浪皱褶，植株呈漂亮的紫粉红色，若日照充足颜色更为突显，生长强健适合叶插繁殖。

晨曦
莲座 / 大型种 / 叶插、胴切

粉红色叶片具明显波浪状与叶尖，植株外观铺有白粉，日照充足环境下植株会转成粉紫色。

紫蝶
莲座 / 中型种 / 叶插、胴切、扦插

外观是漂亮的粉紫色，叶缘有细致的波浪状，日照充足环境下紫色更为明显，强健容易栽培。

圣卡洛斯
莲座 / 中型种 / 叶插、胴切

又称新玉蝶。外观为粉白色，叶缘具细微的波浪状，生长强健，若日照充足植株会透着浅粉红色。

蓝色苍鹭
莲座群生 / 中型种 / 叶插、胴切

蓝色的叶片较狭长，具明显波浪叶缘，叶缘有浅浅的粉红色，随着栽培环境不同，植株会呈淡紫色或粉色等不同变化。

蓝丝绒
莲座 / 中型种 / 叶插、胴切、扦插

蓝色的外观铺有白粉，叶缘具波浪皱褶或出现锯齿状裂纹，叶缘较薄显得透光，叶片生长紧密扎实。

天鹅湖
莲座 / 大型种 / 叶插、胴切

特叶玉蝶与莎薇娜的交配品种，遗传特色的反叶、叶缘具细微的波浪状，蓝紫色外观透着粉红色，很有华丽感，生长强健，容易生长侧芽。

星辰
莲座 / 中型种 / 叶插、胴切
具莎薇娜的血统因此遗传了特色的波浪叶缘，植株铺有白粉，叶缘是亮眼的粉红色，温差大的季节植株呈漂亮的粉紫色。

波瑰娜
莲座 / 中型种 / 叶插、胴切
台湾农场实生栽培的品种，叶缘具明显的波浪状，外观为灰绿色，植株颜色因栽培环境与个体差异而有不同的表现。

利比亚
莲座 / 中型种 / 叶插、胴切
明显的波浪状叶形是一大特色，植株生长强健，叶片铺有一层白粉，呈现粉紫色，喜爱日照充足、干湿分明的环境。

白玫瑰
莲座 / 大型种 / 叶插、胴切
外观铺有厚实的白粉，具明显的叶尖与波浪状叶缘，层叠的叶片让莲座宛如一朵玫瑰花，生长强健容易栽培。

黑玫瑰
莲座 / 中型种 / 叶插、胴切
外观为红褐色，叶缘具白边，叶朝向内卷曲让植株的莲座很有立体感，表面具金属光泽的特殊质感。

芮牡丹
莲座 / 中型种 / 胴切、扦插
狭长的叶片具厚实感且向内凹，叶片生长非常紧密且有金属般的光泽感，褐色外观若日照充足会变成红褐色。

太妃糖
莲座 / 中型种 / 叶插、胴切、扦插
狭长的剑形叶，叶面有金属光泽感，紫褐色的叶片在日照充足环境下会转为红褐色，容易生长侧芽或花芽。

粉红天使
莲座 / 中型种 / 叶插、胴切
轻薄的叶片铺有白粉，浅粉红的外观在温差大的季节会呈现粉红色，植株生长强健，莲座低矮。

洛可可
莲座 / 中型种 / 叶插、胴切、扦插
狭长的剑形叶若日照充足，叶缘会显得粉红，植株铺有白粉呈蓝绿色，植株强健容易栽培。

柏迪
莲座 / 中型种 / 叶插、胴切、扦插
狭长的叶片生长紧密有金属光泽，叶面无白粉，叶缘较薄显得透光偏白，墨绿色的外观会因日照不同而有所变化。

罗密欧
莲座 / 大型种 / 叶插、胴切
叶面具光滑的质感且有棱纹，粉红色的植株若日照充足更为明显，叶尖呈深红色，春、秋两季为生长季节，夏季应避开强烈日照并给予通风良好的环境。

魅月
莲座 / 中型种 / 叶插、胴切
魅惑之宵与胧月的交配品种。叶片厚实饱满，叶面具明显棱纹，灰绿色的外观日照充足下会带点橘色，莲座生长结实而紧密，植株强健容易栽培。

魅月缀化
莲座 / 中型种 / 叶插、胴切
魅月的缀化品种。魅月在栽培上容易出现缀化个体，尤其通过叶插繁殖出现缀化个体的概率很高。

惜春
莲座 / 中型种 / 叶插、胴切
原产于墨西哥。具暗灰色外观，叶片有明显的棱纹且厚实，生长速度较缓慢，日照充足环境下较能显现品种特色。

粉红黛娜
莲座 / 中型种 / 叶插、胴切、扦插
狭长的叶片饱满厚实，叶面光滑无粉，有明显棱纹，植株外观呈亮丽的粉红色。

平安夜锦
莲座 / 中型种 / 叶插、胴切
平安夜的锦斑品种，黄色缟斑散布在叶片，锦斑让红色叶缘更为明显。

冰河世纪
莲座 / 中型种 / 叶插、胴切
绿色的叶片具光滑表面与明显叶尖，叶片生长紧密形成扎实的莲座，日照充足下会有明显的红边，容易生长侧芽形成群生。

银后
莲座 / 大型种 / 叶插、胴切
灰紫色的外观透着粉红色，叶片具明显棱纹，狭长而厚实很有立体感，日照充足下颜色更深，植株颜色因环境不同而差异甚大。

暗纹石莲

莲座 / 中型种 / 叶插、胴切、扦插

外观铺有白粉而呈灰紫色。叶片狭长
宛如獠牙，且具明显棱纹，日照充足
环境下叶纹更为突显。

奥普琳娜

莲座 / 中型种 / 叶插、胴切

叶片厚实而狭长，植株表面铺有厚实
白粉，若日照充足会呈粉红色。

卡罗拉

莲座 / 大型种 / 叶插、胴切

卡罗拉叶面布满白粉，蓝绿色的叶片
具明显红边与叶尖，喜日照充足与干
湿分明的环境，春、秋两季生长较明
显，生长可超过 20 厘米。

木樨景天

莲座 / 大型种 / 叶插、胴切

剑形的叶片具明显棱纹，植株铺有厚
实的白粉，外观显得灰白，日照充足
环境下植株生长成扎实的莲座。

天鹤座

莲座 / 中型种 / 叶插、胴切

厚实的叶片叶缘较圆润，外观呈漂亮
的粉紫色，铺有厚实的白粉。

女美

莲座 / 中型种 / 叶插、胴切

叶片狭长而厚实，具明显的红尖，植
株铺有白粉，若日照充足则透出粉红
色与红边，栽培上喜爱干湿分明。

千代田之松园艺种

莲座 / 中型种 / 叶插、胴切

千代田之松的园艺选拔品种，叶形较
长且叶片棱纹明显，容易栽培但生长
较为缓慢。夏天要避免强烈日光直射。

门萨

莲座 / 大型种 / 叶插、胴切

也称作黑门萨。狭长的剑形叶片紧密
排列生长成漂亮的莲座，暗绿色的外
观在日照充足下会转成咖啡红色。

黄金曼尼

莲座 / 中型种 / 叶插、胴切

剑形的叶片前宽后窄，叶面具薄薄的
白粉，叶片向内弯曲让植株充满立体
感。

费欧娜
莲座 / 中型种 / 叶插、胴切

植株带有浅浅的紫蓝色，厚实的叶面铺有白粉，喜日照强且干湿分明的环境，生长强健，容易用叶插繁殖。

拿铁玫瑰
莲座 / 大型种 / 叶插、胴切

叶缘具棱纹，莲座形的植株充满立体感，灰绿色叶面铺有白粉，日照充足下植株会呈红紫色。

蓝色艾德
莲座 / 中型种 / 叶插、胴切、扦插

蓝绿色的外观几乎不会变色，叶片铺有薄薄的白粉，具明显叶尖，温差大的季节叶缘会稍微转红。

柠檬玫瑰
莲座 / 中型种 / 胴切、扦插

外观呈翠绿色，叶片较薄且向内凹，具明显叶尖，日照充足与温差大的季节叶缘会呈橘红色。

露安娜
莲座 / 中型种 / 叶插、胴切

翠绿色的外观具明显红边，低温季节若日照充足红边会更为突显，叶片出现橘红色渐层，生长强健，容易栽培。

格言
莲座 / 中型种 / 叶插、胴切、扦插

外观似湖水绿，剑形的叶片质感较薄，植株很有立体感，日照充足下外观较为灰绿，叶尖会转红。

哈利沃森
莲座 / 中型种 / 叶插、胴切

菱形的叶片，叶缘具明显棱纹，植株呈灰绿色，日照充足或低温季节植株会出现粉紫色。

青燕
莲座 / 中型种 / 叶插、胴切

长剑般的叶面铺有厚实的白粉，叶片具明显红尖，日照充足环境下较能表现出品种的特色。

皮亚七
莲座 / 中型种 / 叶插、胴切

狭长的剑形叶片，外观是浅蓝色且铺有厚实的白粉，日照充足下叶面会转为粉红色。

奶油黄桃
莲座 / 中型种 / 叶插、胴切、扦插
圆形的叶片具细微的红边与红尖，绿色的叶片若日照充足会显得较为灰白，红边也会更明显，夏季要避免强烈的日光直射。

阿尔巴
莲座 / 中型种 / 侧芽、胴切
厚实的叶片让莲座特别饱满、立体，灰绿色的外观铺有白粉，生长速度很缓慢。

银伦敦
莲座丛生 / 中型种 / 叶插、胴切
墨绿色的叶片布满细短的绒毛，形成绒布般的特殊质感。叶面的绒毛反射光泽呈特殊的颜色，植株容易生长侧芽形成丛生状。

雪兔
莲座 / 小型种 / 叶插、胴切、扦插
淡蓝色的外观铺有厚实白粉，饱满的叶片向内弯，具明显叶尖，生长较为缓慢。

海娜莲
莲座 / 中型种 / 叶插、胴切
厚实的菱形叶片紧密生长，明显的叶尖向外弯，轻薄的叶缘透着光，外观呈绿色。

星河
莲座 / 中型种 / 叶插、胴切、扦插
剑形的叶片散布锦斑，叶片因锦斑呈不规则形状，外观显得灰白。

露娜莲
莲座 / 小型种 / 叶插、胴切、扦插
静夜与丽娜莲的交配种。浑圆有厚实感的叶片铺有白粉，叶形短而厚实，外观淡粉色，叶片层叠生长成漂亮的莲座。

萝莉塔
莲座 / 大型种 / 叶插、胴切
匙形的叶片具明显叶尖，外观呈粉红色，温差大的季节若日照充足植株会转成亮眼的粉红色。

钻石洲
直立性莲座 / 大型种 / 叶插、胴切
剑形的叶片具石化锦特征，石化的现象让叶片呈不规则生长，外观呈橘红色，日照充足下颜色更为显眼。

月河
直立性莲座 / 大型种 / 胴切、扦插

叶面具明显覆轮锦斑，不规则的锦斑散布在叶面，叶缘因锦斑生长不平均，灰色外观、锦斑会因季节呈白色或鹅黄色。

心之喜悦
莲座 / 大型种 / 胴切

成熟的植株在宽扁的叶片上会长出心形的瘤状物，瘤状物几乎覆盖叶面，蓝绿色的植株在低温季节叶缘会转红。

疯狂锦
直立性莲座 / 大型种 / 叶插、胴切

厚实的叶片呈匙状，叶面上白色的锦斑造成叶片生长成不规则的形状。

结婚礼服
直立性莲座 / 大型种 / 胴切

叶缘具密集的波浪皱褶，椭圆形叶片向内弯曲，低温季节植株形态较为紧密，日照充足呈红褐色。

海龙
莲座 / 大型种 / 胴切、扦插

成熟的植株叶缘呈曲折明显的褶纹，叶片尾端长出不规则瘤状物，巨大的植株很有分量，充满特色的外观很吸睛。

桃乐丝
直立性莲座 / 大型种 / 叶插、胴切

波浪状的叶片具明显红边，植株是漂亮的湖水绿色，生长强健，容易栽培。

桃木玫瑰
莲座 / 大型种 / 叶插、胴切、扦插

圆形的叶片呈匙状，外观是漂亮的咖啡红色，叶面无白粉充满光泽感，植株强健好栽培，可长成超过30厘米的大型种。

雨滴
莲座 / 中型种 / 胴切

成熟的植株会在叶面上长出雨滴的瘤状物为其最大特色，日照不足瘤状物生长不明显。

仙女座
莲座 / 大型种 / 叶插、胴切、扦插

晚霞的交配种，遗传了粉紫色的特色外观。叶片较晚霞来的短而宽，叶缘具细微的波浪皱褶，植株生长可以超过30厘米。

冬季日落

莲座 / 大型种 / 叶插、胴切

宽阔的叶片呈匙状，叶面具轻微棱纹，外观铺有白粉呈现淡紫色，低温季节或日照充足会转为深紫色。

黄金婴儿景天

蔓性丛生 / 小型种 / 胴切、扦插

圆形的金黄色叶片，茎部呈橘红色，给予日照、水分充足的环境，生长快速、强健好栽培。

铭月园艺品种

直立性丛生 / 中型种 / 叶插、胴切

铭月的个体差异中选拔出的品种，生长特性与铭月相同，但叶片更为狭长，低温季节时红边特别明显。

翡翠玉串

直立性莲座 / 中型种 / 叶插、胴切

植株呈翠绿色，叶片浑圆饱满具明显棱纹，向上生长形成塔状，湿热的季节下叶片容易果冻化或脱落。

黄玫瑰

直立性丛生 / 小型种 / 叶插、胴切、扦插

外观浅绿色，叶片浑圆饱满，植株容易向上生长至开花状态，基部容易生成侧芽形成丛生。

天使之泪

直立性丛生 / 中型种 / 叶插、胴切

叶片厚实呈圆珠状，外观铺有厚厚的白粉，植株强健易栽培，耐旱，但生长与繁殖速度较缓慢。

小酒窝锦

蔓性丛生 / 小型种 / 胴切

小酒窝的锦斑品种，浅黄色的锦斑若日照充足会出现明显的粉红边，日照不足植株容易徒长。

小红莓
直立性丛生 / 小型种 / 叶插、胴切
外观类似虹之玉，但植株更为迷你。
浑圆的叶片紧密生长，温差大的季节
植株会转红，生长较缓慢，夏季要避
免长期闷热、潮湿的环境。

小松绿
树状 / 小型种 / 胴切
小型种的景天，翠绿的叶片随着生长
会出现明显的树状形枝干，外形宛如
松树。可通过修剪增加分枝，炎热的
夏季生长会迟缓。

村上
莲座 / 小型种 / 侧芽、胴切
浑圆的叶片生成排列紧密的莲座，成
熟的植株容易长出侧芽，可将侧芽剪
下胴切繁殖。炎热的夏季生长停滞，
喜好通风良好的环境。

婴儿手指
直立性丛生 / 小型种 / 叶插、胴切
浑圆饱满的叶片紧密生长，外观特别
讨喜，铺有白粉的叶片在低温季节，
日照充足下会变成粉红色，春天容易
抽出花梗。

圆叶秋丽
直立性莲座 / 小型种 / 叶插、胴切
椭圆形的厚实叶片铺有白粉，灰绿色
的外观在日照充足下呈粉红色，植株
容易长高。

蜡牡丹
莲座丛生 / 小型种 / 叶插、胴切
饱满的叶片具明显棱纹与叶尖，叶片
的生长非常紧密，翠绿色的外观带有
光泽感，容易生长侧芽形成丛生状。

摩南景天
群生 / 小型种 / 侧芽、胴切
浑圆的叶片具透明感，植株强健，容易生
长侧芽、开花，日照充足环境下生长较为
紧密扎实，给予充足水分下生长良好。

红日伞缀化

直立性 / 中型种 / 叶插、胴切、扦插

红日伞的缀化品种，因缀化的特性生长较为缓慢。

春萌缀化

莲座 / 小型种 / 叶插、胴切、扦插

春萌的缀化品种，因缀化的特性生长较为缓慢。

青星美人缀化

直立性莲座 / 大型种 / 叶插、胴切、扦插

青星美人的缀化品种，由于缀化特性因而在生长上较为缓慢。

绿霓锦

直立性莲座 / 大型种 / 叶插、胴切

绿霓的锦斑品种，黄色的锦斑不规则散布在叶面，叶片同时具轻微石化现象。

紫丽殿锦

直立性莲座 / 中型种 / 叶插、胴切

紫丽殿的锦斑品种，叶面的黄色锦斑与暗紫色形成强烈对比。

紫丁香锦

群生莲座 / 中型种 / 叶插、胴切

紫丁香的锦斑品种，浅黄色的缟斑不规则分布在叶面上。

晨光

莲座 / 中型种 / 叶插、胴切、扦插

老乐的锦斑品种，鹅黄色的锦斑分布在叶缘，温差大的季节锦斑会呈粉红色。

桃之娇石化锦

莲座 / 中型种 / 叶插、胴切

桃之娇的石化与锦斑品种，白色的锦斑散布在叶面，石化则让叶缘呈不规则状。

姬秋丽锦

直立性丛生 / 小型种 / 叶插、胴切

姬秋丽的锦斑品种，黄色的锦斑不规则出现在叶面，目前在台湾的栽培上锦斑特色尚不稳定。

初恋锦
莲座 / 大型种 / 叶插、胴切

初恋的锦斑品种，锦斑多为黄色，日照充足与温差大季节下锦斑较明显，叶插与胴切繁殖的新芽不易保留锦斑特色。

旭鹤锦
直立性莲座 / 大型种 / 叶插、胴切、扦插

旭鹤的锦斑品种，浅黄色的锦斑散布在叶面，外观显得灰白。

白牡丹锦
直立性莲座 / 中型种 / 叶插、胴切

白牡丹的锦斑品种，鹅黄色的锦斑让植株更为亮丽。

月之光锦
直立性丛生 / 中型种 / 叶插、胴切、扦插

月光兔耳的锦斑品种，浅黄色的锦斑不规则出现在叶面，叶片因锦斑特性生长不规则。

极光兔
直立性丛生 / 中型种 / 叶插、胴切、扦插

月光兔耳的变异品种，叶形与月光兔耳相似但叶片较为短而宽，生长强健，好照顾。

黄金兔
直立性丛生 / 中型种 / 叶插、胴切、扦插

狭长的叶片具咖啡色的锯齿状叶缘，新生与上部的叶片颜色均为金黄色。

巧克力士兵
直立性丛生 / 中型种 / 叶插、胴切、扦插

黄金兔的系列品种，叶形与其相似，新叶与上部叶片呈现金黄色，日照不足时金黄色变得不明显。

孙悟空兔

直立性丛生 / 中型种 / 叶插、胴切、扦插

狭长的叶片呈棒状，叶缘圆滑无锯齿，叶缘颜色呈咖啡色，外观因日照程度呈橘红色至深咖啡色。

福兔耳

直立性丛生 / 小型种 / 叶插、胴切、扦插

外观铺有明显的白色绒毛，叶片狭长，叶尖呈现咖啡色，生长速度较为缓慢。

仙福兔

直立性丛生 / 中型种 / 叶插、胴切、扦插

福兔耳的交配品种，外观铺有白色绒毛，叶片较宽大且具明显齿状叶缘，新叶带着金黄色泽。

宽叶黑兔

直立性丛生 / 中型种 / 叶插、胴切、扦插

外观类似月兔耳，但叶形较为宽大，叶缘锯齿不明显，且叶缘黑点连成线，叶片的绒毛感明显。

玫瑰黑兔

直立性丛生 / 中型种 / 叶插、胴切、扦插

灰白色的狭长叶片几乎没有齿状叶缘，叶缘的黑点日照充足时会连成线，新叶的叶缘呈红褐色。

泰迪熊兔

直立性丛生 / 中型种 / 叶插、胴切、扦插

短肥的叶片具锯齿状叶缘，叶缘突点为深咖啡色，新叶为橘红色，植株生长非常缓慢，栽培上忌长期潮湿。

褐矮星

直立性 / 中型种 / 叶插、胴切、扦插

椭圆形叶片向外弯曲，叶缘具细微锯齿，新叶的绒毛呈橘褐色，生长较为缓慢。

獠牙玫叶兔耳

直立性丛生 / 大型种 / 叶插、胴切、扦插

又称獠牙仙女之舞。外观与玫叶兔耳相似，但成熟植株叶背会长出刺状突出物。